ENCYCLOPÉDIE-RORET.

———

CHAUDRONNIER

MANUELS-RORET

MOUVEAU MANUEL COMPLET

DU

CHAUDRONNIER

COMPRENANT

LES OPÉRATIONS ET L'OUTILLAGE

DE LA PETITE ET DE LA GROSSE CHAUDRONNERIE

DU CUIVRE ET DU FER

La Fabrication du Fer battu et du Fer blanc,
l'Estampage, l'Etampage, l'Etamage, la Fabrication des Chaudières
et des Appareils d'évaporation,
de liquéfaction et de chauffage employés dans l'Industrie
et dans la Construction des Machines.

Par MM. C.-E. JULLIEN ET Oscar VALÉRIO

Ingénieurs civils.

NOUVELLE ÉDITION

ENTIÈREMENT REFONDUE ET AUGMENTÉE

Par M. D.-A. CASALONGA

Ingénieur civil.

OUVRAGE ACCOMPAGNÉ D'UN ATLAS

Renfermant 20 Planches gravées sur acier.

PARIS

LIBRAIRIE ENCYCLOPÉDIQUE DE RORET

RUE HAUTEFEUILLE, 12.

1873

1872

AVIS

Le mérite des ouvrages de l'**Encyclopédie-Roret** leur a valu les honneurs de la traduction, de l'imitation et de la contrefaçon. Pour distinguer ce volume, il porte la signature de l'Éditeur, qui se réserve le droit de le faire traduire dans toutes les langues, et de poursuivre, en vertu des lois, décrets et traités internationaux, toutes contrefaçons et toutes traductions faites au mépris de ses droits.

Le dépôt légal de ce Manuel a été fait dans le cours du mois de décembre 1872, et toutes les formalités prescrites par les traités ont été remplies dans les divers Etats avec lesquels la France a conclu des conventions littéraires.

PRÉFACE

—

La chaudronnerie, si on l'envisage dans son plus large cadre, s'étend à toutes les industries. Il n'est aucun ustensile métallique, quel qu'en soit l'usage, qui ne se rattache, d'une manière plus ou moins directe, à l'art du chaudronnier.

Le cadre s'élargit encore plus, lorsqu'on envisage, à côté de l'art proprement dit, les applications industrielles qui en sont la conséquence, et que le chaudronnier ne doit pas ignorer, s'il veut mettre sa fabrication en rapport avec l'application, et s'il veut posséder la possibilité de perfectionner son industrie.

Nous ne pouvons enfermer dans le champ restreint de ce manuel, la vaste étude que comporterait le domaine de la chaudronnerie, exploré dans toutes ses directions. Certains chaudronniers d'aujourd'hui ne se bornent pas à la façon de certains vaisseaux de ménage, ou à celle de récipients spéciaux. Tout ce qui est travail brut du fer, en feuilles ou en barres, est de leur ressort; et il est assez général de voir des chaudronniers construire plus de ponts et de charpentes en fer que de chaudrons.

Notre but n'est pas de traiter les hautes applications de l'art du chaudronnier, mais bien plutôt les opérations de la petite chaudronnerie qui, par des progrès continus, est arrivée à réaliser d'une manière sûre et rapide des formes aussi variées que parfois élégantes.

Destiné surtout à ceux qui s'occupent de chaudronnerie à l'atelier, cet ouvrage contiendra spécialement l'indication et la comparaison des voies et moyens. L'étude et la comparaison des formes, les accessoires qui s'y rapportent, les applications diverses, éclaireront la pratique de l'art, car il fut toujours bon, et plus que jamais il est nécessaire aujourd'hui, que la théorie et la pratique s'allient, que l'ouvrier et le savant s'appuient mutuellement.

Deux habiles ingénieurs, MM. Valerio et Jullien, celui-ci enlevé à ses travaux par une mort prématurée, avaient préparé la première édition, aujourd'hui épuisée, de ce Manuel. Nous en avons conservé le plan, ainsi que la meilleure partie de l'ouvrage qui se rapporte aux nombreuses planches de l'Atlas. Notre tâche s'est bornée à éliminer des prescriptions et des procédés aujourd'hui abandonnés ou complétement transformés, et à enrichir le texte des arrêts nouveaux sur la matière, et des principaux progrès accomplis dans les trente dernières années.

Dans le but d'augmenter l'intérêt de l'ouvrage par la comparaison avec les types précédents, nous avons conservé presque toutes les figures de l'atlas, en les additionnant des appareils que la pratique de nos jours a adoptés.

Certains chapitres n'ayant pas un rapport assez direct avec la chaudronnerie ont été résumés brièvement, quelques-uns même ont été supprimés, ayant leur place naturelle dans d'autres manuels auxquels il est renvoyé. Quant à la dernière partie, la plus élevée du livre, elle se rapporte principalement aux applications, et constitue ce que nous pourrions appeler la physique industrielle de la chaudronnerie, partie intéressante à tous égards et qui est à la fois du domaine de l'ouvrier intelligent, du contre-maître, du chef d'atelier et de l'ingénieur.

Paris, novembre 1872.

D.-A. CASALONGA.

NOUVEAU MANUEL COMPLET

DU

CHAUDRONNIER

INTRODUCTION.

La chaudronnerie est l'art de confectionner les appareils métalliques destinés au chauffage des corps.

Il est deux genres de résultat que l'on peut se proposer d'obtenir en chauffant un corps :

1° Elever sa température.
2° Le faire changer d'état physique.

Le chauffage des corps, envisagé sous le point de vue général, peut donc se diviser en cinq opérations principales et distinctes, savoir :

1° Chauffage des solides.
2° Liquéfaction des solides.
3° Chauffage des liquides.
4° Vaporisation des liquides.
5° Chauffage des gaz.

Le chauffage des solides proprement dits, c'est-à-dire autant que l'on n'a d'autre but que d'élever leur température, et nullement de les séparer de substances liquéfiables ou volatiles, ne s'effectue généralement pas dans des appareils métalliques, mais bien dans des fours en maçonnerie.

La liquéfaction des solides s'effectue tantôt dans des fours en maçonnerie, tantôt dans des vases métalliques, suivant la nature des matières.

Les trois autres opérations s'effectuent le plus généralement dans les vases métalliques.

Parmi les sept ou huit métaux qui s'emploient le plus souvent dans les arts, il en est quatre qui sont exclusivement propres au chauffage des corps. Ce sont :

> Le cuivre rouge.
> Le fer.
> L'acier, depuis ces dernières années.
> La fonte de fer.

Les trois premiers se travaillant à l'état de plaques plus ou moins épaisses appelées *tôles*, le quatrième se coulant liquide dans des moules en terre.

L'art de convertir les tôles de cuivre, de fer ou d'acier, en ustensiles propres à effectuer les diverses opérations relatées ci-dessus, constitue la chaudronnerie proprement dite.

Néanmoins, l'usage de la fonte dans les appareils de chauffage, soit comme partie principale, soit comme accessoire, s'étant de plus en plus généralisé, nous avons jugé convenable d'indiquer les diverses circonstances dans lesquelles son emploi a été préféré ou est préférable à celui des trois autres métaux.

Nous avons divisé cet ouvrage en deux parties :

PREMIÈRE PARTIE. — Chaudronnerie proprement dite.

DEUXIÈME PARTIE. — Appareils de chauffage.

Ces deux parties sont complétées par les arrêtés les plus récents et les prescriptions administratives sur la matière.

La première comprend la description des opérations nécessaires pour la conversion des tôles en appareils de chauffage.

La seconde comprend l'examen des formes et dimensions de ces appareils, suivant l'usage auquel ils sont destinés, et les agents destructeurs auxquels ils sont exposés.

PREMIÈRE PARTIE

CHAUDRONNERIE PROPREMENT DITE.

LIVRE PREMIER

ÉTUDE DES MÉTAUX
EMPLOYÉS DANS LA CHAUDRONNERIE.

CHAPITRE PREMIER.

Cuivre.

En chimie, la notation pour le cuivre est Cu.
Son équivalent est 31.65.
Celui de l'hydrogène étant 1.

Pur, ce métal est d'un rouge éclatant, qui lui est particulier, d'une densité égale à 8.83 fondu, et 8.96 étiré en fils, exhalant, quand on le frotte, une odeur désagréable.

Il est plus dur que l'or et que l'argent; d'une faible sonorité. Il est très-ductile, se laisse étirer en feuilles minces au marteau et en fils très-déliés à la filière. C'est le plus tenace des métaux après le fer. Sa résistance à la traction est de 34 kil. par millimètre carré; au cisaillement et d'après M. Tresca, la résistance est de 19 kil.

Il se dilate par la chaleur, de 1 à 1,000171, en passant de 0° à 100°; il entre en fusion à la température de 788° centigrades, correspondant au rouge ou à 27° du pyromètre.

Sa capacité calorique est 0.10 en moyenne, c'est-à-dire qu'il faut dix fois moins de chaleur pour élever un kilogramme de cuivre à une température donnée que pour y élever un kilogramme d'*eau*.

Le cuivre se combine directement, à l'aide de la chaleur, avec le soufre, l'arsenic et le phosphore. Ce dernier, en très-petite quantité, le rend très-dur et propre à avoir du tranchant.

Aux températures ordinaires, dans l'air sec, le cuivre ne s'altère pas. Dans l'air humide, il se recouvre d'une pellicule de *vert-de-gris* dont tout le monde connaît le danger. Tenu pendant un certain temps en fusion au contact du charbon, il devient aigre par sa combinaison avec un peu de carbone. Le fer, l'antimoine, le plomb, font également perdre au cuivre sa ductilité. Toutefois, dans la fabrication des fils de cuivre, où il est d'usage de faire entrer 1 à 1.5 p. 100 de plomb, cette faible quantité n'en altère pas la ductilité.

La production du cuivre en France est très-limitée. Les mines de *Chessy* et de *Saint-Bel*, dans le département du Rhône, sont les deux seules que nous possédions, et c'est à peine si elles suffisent aux besoins du Midi. Le cuivre employé généralement, arrive de toutes les localités où on l'exploite, et dont les principales sont la *Russie*, l'*Angleterre*, la *Suède*, le *Mexique*, le *Pérou*, la *Belgique*, l'*Espagne*. Le cuivre le plus estimé est celui de *Russie*; il peut être considéré comme pur.

Le cuivre forme différents alliages qui changent plus ou moins ses propriétés, et le rendent propre à des usages divers dans les arts, savoir :

99 *Cuivre* et 1 *Potassium,* cuivre d'une malléabilité extrême.

66 *Cuivre* et 33 *Zinc,* laiton ou cuivre jaune.

90 *Cuivre* et 10 *Etain,* bronze.

80 *Cuivre* et 20 *Etain,* métal de cloches.

60 *Cuivre,* 20 *Nickel* et 20 *Zinc,* maillechort ou argentan.

Le cuivre est très-bon conducteur de la chaleur, c'est ce qui, eu égard à sa malléabilité extrême, en fait le métal par excellence pour chaudières, et en général, pour tous les objets de chaudronnerie. Si on représente par 1 sa faculté conductrice de la chaleur, on a pour les autres métaux :

Cuivre.	1000
Laiton.	833
Fonte..	416
Fer..	405
Zinc.	405
Etain..	337
Acier..	244
Plomb.	200

C'est-à-dire que, à surfaces égales, les métaux ci-dessus laissent passer, dans le même temps, des quantités de chaleur qui sont entre elles comme les nombres placés en regard.

Il est bon de considérer, toutefois, que ces valeurs sont très-variables, suivant l'état des corps. Ainsi des expériences faites par Tredgold et Clément Desormes, il résulterait que la fonte, la tôle rouillée et le cuivre noirci, laissent passer à peu près la même quantité de chaleur dans un temps donné, la fonte étant au premier rang, et le cuivre au dernier.

D'après les expériences de M. Christian, on considère que un mètre carré de surface de cuivre, de 3 millimètres d'épaisseur, ou de fonte d'une épaisseur suffisante, plongée dans la flamme et exposée au feu le plus violent, produit par heure, 100 kilogrammes de vapeur. Il a été cependant constaté par des expériences ultérieures faites par Robert Stephenson et M. de Pambour, que le plus grand produit que puisse donner une surface chauffée directement, peut s'élever à 120 kilogrammes par mètre carré et par heure.

On considère encore, d'après ces expériences, que la nature et l'épaisseur du métal sont sans influence sur la production de la vapeur, dans les cas ordinaires de la pratique. En principe, plus le métal sera mince et plus facile sera la transmission de la paroi chauffée à la paroi refroidie.

Il en résulte que l'on peut admettre que la portion d'une chaudière à vapeur, placée immédiatement au-dessus du foyer, produit environ 100 kilogrammes de vapeur par mètre carré et par heure. Mais pour la surface totale, il n'en est pas ainsi, et lorsque la fumée circule autour des chaudières, il ne faut pas compter plus de 15 à 20 kilogrammes de vapeur par mètre carré et par heure.

Admettant 18 kilogrammes, et remarquant qu'il faut produire 650 unités de chaleur pour vaporiser un kilogramme d'eau, on en conclut que un mètre carré de surface de cuivre, de fonte ou de fer, exposé au feu ordinaire des fourneaux de chaudières à vapeur, laisse passer par heure moyennement, 18 fois 650 unités de chaleur, ou, 11700 unités de chaleur (1).

La ténacité du cuivre est beaucoup moindre que celle du fer, mais elle est plus grande que celle des autres métaux cités plus haut, auxquels il est aisé de le comparer.

Résistance à la rupture du cuivre et de ses alliages, par centimètre carré.

Cuivre rouge laminé dans le sens de la longueur........................	21 kil.
— qualité supérieure...........	26
— battu.................	25
— fondu.................	13 kil.40
Cuivre jaune ou laiton, fondu.......	12.60
Cuivre rouge en fil non recuit, plus fort, de 1 millim. diamètre.......	70.00
— moyen, 1 à 2 millim.........	50.00
— mauvais.............	40.00
Cuivre jaune en fil non recuit, le plus fort, de moins de 1 millim. de diam.	85.00
— moyen, au-dessus de 1 millim...	50.00
Bronze de canon, contenant 89.96 cuivre, 9.79 étain, 0.25 plomb, neuf...	16 kil.
— refondu..............	21 kil.
— gros calibre...........	10 kil.

Exposé à l'air sous l'influence d'une forte température, le cuivre brûle en produisant une flamme verte; il se convertit alors en oxyde. Cette flamme pourrait faire croire qu'il est très-volatil, mais en

---

(1) On appelle *unité de chaleur* ou *calorie*, la quantité de chaleur nécessaire pour élever la température de 1 kilogramme d'eau, de 1 degré centigrade.

réalité, il l'est fort peu. Chauffé fortement dans un four à reverbère, il se colore en affectant les bandes irisées de l'arc-en-ciel. Ces bandes sont plus ou moins régulières, suivant que la chauffe est plus ou moins égale partout ; elles disparaissent au moment de la fusion, et sont remplacées par une couche d'oxyde qui se dissout dans les matières vitreuses, appelées scories, que l'on projette avec intention dans le four, pour garantir le bain de l'action trop vive de l'oxygène, et absorber cet oxyde qui, en se mêlant dans le métal, tendrait à le rendre aigre et cassant.

Le cuivre est très-attaquable par les acides, et donne des sels solubles dont les dissolutions sont tantôt vertes, tantôt bleues, suivant que la base est un protoxyde ou un peroxyde de cuivre.

Les acides nitrique et acétique sont ceux que l'on emploie le plus généralement pour dissoudre le cuivre.

L'acide sulfurique ne l'attaque pas pur, mais il attaque son oxyde, ce qui fait que cet acide est très-bon pour nettoyer le cuivre.

L'acide hydrochlorique l'attaque faiblement.

Quand le cuivre est attaqué par l'acide nitrique ou azotique, il en décompose une partie pour lui enlever la quantité d'oxygène nécessaire à son oxydation ; il se dégage alors du deutoxyde d'azote qui, en contact avec l'air, donne de l'acide nitreux dont les vapeurs rutilantes sont excessivement malsaines et désagréables ; il est donc important, quand on se sert de cet acide pour attaquer le cuivre, de faire cette opération sous la *hotte* d'une cheminée qui tire bien.

L'acide oxalique et l'oxalate de potasse précipitent le cuivre de ses dissolutions en oxalate de cuivre blanc verdâtre.

Le fer précipite aussi le cuivre de ses dissolutions, en se substituant à lui; le dépôt est alors du cuivre métallique. On a utilisé cette propriété pour traiter les empoisonnements par le cuivre; il suffit, en effet, de faire boire au malade de l'eau gommée ou autre, contenant de la limaille de fer en suspension.

Le cuivre existe dans les terrains anciens et dans les terrains secondaires; il est surtout abondant dans les grès rouges. Les minéraux qui en contiennent, sont :

Le cuivre natif ; — l'oxydule ; — l'oxyde ; — l'oxychlorure ; — le sulfure ; — le cuivre pyriteux ; — le cuivre panaché ; — le sulfure antimonial ; — le sulfure stannifère ; — le sulfure bismuthique ; — le sulfure argentifère ; — les sulfures arsénifères, antimonifères, plombifères ; — les sulfates ; — le séléniure ; — les phosphates ; — les urséniates ; — l'arsénite ; — les silicates hydratés ; — le carbonate anhydre ; — le carbonate vert ; — le carbonate bleu ; — le chromate plombifère ou vauquelinite.

Pour extraire le cuivre d'un minerai, il faut d'abord *bocarder* ce minerai pour le réduire en grains; puis le passer aux *patouillets*, et le laver de manière à faire partir toutes les matières terreuses qui le souillent.

Depuis 1845, époque de la 1re édition de ce livre, le traitement des minerais a fait des progrès remarquables qui se sont fait jour à l'Exposition universelle de 1867. MM. Huet et Geyler, ingénieurs civils, et la Ce de Fives-Lille, se sont principalement occupés de cette question, et ont produit une série très-variée de machines à casser, à pulvériser, à cribler, à laver, qui permettent de tirer des minerais les plus inférieurs le meilleur profit possible.

Quand le minerai est lavé, on le *grille*, en l'exposant à une forte température au contact de l'air. Le but du grillage est de faire partir les métaux et autres substances volatiles qui font partie du minerai. On soumet ensuite le minerai à la fusion dans un four à reverbère, en ayant soin de le mélanger avec du poussier de charbon de bois qui s'empare de l'oxygène de la partie du cuivre qui a été oxydée pendant le grillage.

Quand le cuivre a été fondu, il est loin d'être pur : c'est une substance brune, cassante, aigre, à laquelle on a donné le nom de cuivre *noir*. Il faut alors le soumettre à l'affinage.

L'affinage se fait dans des creusets *brasqués*, ou garnis de charbon intérieurement. Le cuivre est cassé et mis dans ces creusets, à l'abri du contact de l'air, et soumis à un violent coup de feu. Quand il est fondu, on le laisse refroidir lentement, puis on l'enlève au moyen d'une tenaille, par petits ronds successifs, que l'on obtient en refroidissant la surface supérieure par une aspersion d'eau.

Le cuivre ainsi obtenu, doit être fondu une seconde fois avant d'être propre aux usages de la chaudronnerie, puis il est coulé en lingots et vendu tel ou chauffé au rouge sombre dans un fourneau de chaufferie ordinaire, et passé entre les cylindres d'un laminoir, analogues à ceux qui servent à laminer la tôle ; ces cylindres ont généralement 0.40 de diamètre et 1 mètre de longueur de table.

CHAPITRE II.

Fer. — Fonte. — Acier.

Fer (1).

Notation chimique, Fe.
Equivalent, par rapport à l'hydrogène $= 1, -28$.

Pur, le fer est un métal d'une couleur gris bleuâtre, d'une texture grenue, présentant dans sa cassure des pointes crochues, se dilatant par la chaleur de 1 à 1,001258, en passant de 0° à 100°.

Il est à peu près infusible, ce qui fait qu'il ne se travaille qu'au marteau et au laminoir, à une forte température. Sa capacité calorifique est 0,11 ; c'est-à-dire de 0,01 plus grande que celle du cuivre.

Il est électro-positif avec l'*antimoine*, l'*or*, le *platine* et l'*argent ;* électro-négatif avec le *plomb,* l'*étain* et le *zinc.*

Il décompose l'eau subitement à la température rouge, et lentement à la température ordinaire ; il se recouvre alors d'une couche de *sesquioxyde de fer,* lequel se combinant à son tour et au fur et à mesure de sa formation, avec l'eau répandue à l'état de vapeur dans l'atmosphère, constitue l'*hydrate de sesquioxyde de fer* ou *rouille.*

Les agents destructeurs auxquels le fer est exposé dans les arts sont :

---

(1) Voyez le *Manuel du Maître de Forges,* faisant partie de l'*Encyclopédie-Roret.*

Chaudronnier. 2

1° L'humidité de l'air.

2° Le soufre contenu dans la houille employée au chauffage des chaudières.

3° L'air pur à la température rouge ;

4° Les eaux salines ou acidulées.

Le fer du commerce n'est jamais pur ; il contient toujours au moins 0,002 carbone, 0,002 phosphore, 0,002 soufre. Suivant que ces matières lui sont combinées en plus ou moins grande proportion, il est plus ou moins cassant.

Quelque pur que soit le fer, on remarque que les vibrations, ou la température prolongée, le rendent cassant. L'effet des vibrations se manifeste très-souvent dans les jantes des roues de voiture, les câbles de ponts suspendus et les essieux de wagons, et on peut s'en convaincre en particulier en plaçant un clou reconnu de fer très-doux dans un endroit souvent agité, comme la fenêtre d'un rez-de-chaussée d'une rue fréquentée par les voitures.

Pour la température, on a fait l'expérience avec des fers de Suède de première qualité ; on a pris six échantillons que l'on a divisés en deux morceaux chacun ; on a placé un des morceaux de chaque échantillon dans un four, et on les a laissés pendant plusieurs heures à la température rouge. Retirés et battus sur l'enclume, ces fers cassaient comme les plus mauvais échantillons, tandis que les morceaux conservés froids étaient très-malléables. Réchauffés et laminés, ces fers sont redevenus bons.

On explique l'effet des vibrations et celui de la température par le déplacement et un arrangement nouveau des molécules.

On distingue différentes qualités de fer dans le commerce, savoir :

Le fer *manganésié*, ductile à froid, cassant à chaud.

Le fer *phosphoreux*, cassant à froid, ductile à chaud.

Le fer *sulfureux*, cassant à froid et à chaud.

Le fer manganésié est principalement recherché pour les tôles minces, parce que ces dernières se laminent presque à froid.

Le fer phosphoreux est recherché dans la fabrication des objets de quincaillerie, parce qu'il coûte peu, se travaille bien à chaud, et sert à la confection de pièces qui ne sont appelées à résister qu'à de faibles efforts.

Les fers sulfurés sont les pires que l'on puisse employer. 0,00034 de soufre suffisent pour rendre un fer rouverain.

On distingue en France trois espèces de *tôles* de fer, savoir :

Les tôles des *Ardennes*. Elles sont de moyenne qualité et s'emploient principalement à la fabrication des socs de charrues. On distingue les tôles puddlées et les tôles au bois.

Les tôles de *Franche-Comté*. Elles sont excellentes et servent à fabriquer le fer-blanc.

Les tôles *puddlées*. Elles sont plus ou moins bonnes suivant la nature du fer qui a servi à les fabriquer. Les forges où elles se fabriquent sont actuellement fort nombreuses en France.

Des trains de laminoirs d'une très-grande puissance permettent d'avoir aujourd'hui des tôles d'une très-grande dimension et parfaitement soudées. MM. Petin et Gaudet, les Mazel frères, L'Horme, Terre-Noire,

dans le bassin du Gier, Le Creuzot, Imphy, Monta-
taire, Decazeville, etc., livrent en très-grande quantité à la chaudronnerie, des tôles, des fers plats ou
nervurés pour toutes fabrications.

On rencontre aujourd'hui, dans le commerce, trois
espèces de tôles, savoir :

1° Les tôles *au bois,* ou tôles fabriquées avec des
fers au bois et laminées par le procédé ordinaire.

2° Les tôles *puddlées et martelées.*

3° Les tôles *puddlées et laminées.*

Les premières sont spécialement affectées à la confection des pièces contournées ou embouties, et des
chaudières de locomotives.

Les secondes s'emploient pour confectionner les
calottes sphériques des chaudières, les fonds emboutis des bouilleurs, les cuisses de communication plates ou rondes. Les troisièmes sont spécialement ré-
servées pour les parties cylindriques.

Le fer est répandu avec profusion dans les trois
règnes de la nature; il se trouve dans le sang des
mammifères; dans les cendres des végétaux, et dans
tous les terrains.

Ce sont en général les minerais de fer oxydé ou
carbonaté, que l'on emploie à la fabrication du fer.
Quels qu'ils soient, ils sont toujours soumis aux mêmes modes de traitement. Les principaux minerais
de fer sont :

Le fer oligiste, ou oxydule de fer.

Le fer peroxydé, marneux.

Le fer oolithique, granuleux.

Le fer oxydé, en roche.

Le fer carbonaté, en masses.

Les fers en roche sont soumis au cassage, lequel s'opère au moyen des *bocards* ou des machines à casser.

Les autres sont immédiatement soumis au lavage, puis à la macération, pour chasser le soufre.

Après la macération vient le grillage, qui a lieu pour les minerais en roche seulement, et s'effectue dans des fours analogues aux fours à chaux continus. Le minerai et le combustible y sont jetés pêle-mêle en couches alternatives, et l'on retire le minerai grillé, par la partie inférieure.

Les minerais sont ensuite jetés dans les *hauts-fourneaux*, toujours mélangés avec le combustible, qui est tantôt du charbon de bois, tantôt du coke, plus une substance qui est tantôt un calcaire appelé *castine*, tantôt une argile appelée *herbue*, suivant que sa *gangue* ou matière étrangère est plus ou moins riche en *silice*.

La castine et l'herbue portent le nom de *fondants*, et n'ont d'autre but que de faciliter la fusion de la gangue.

A la partie inférieure des hauts-fourneaux est un *creuset* destiné à recevoir la fonte; au-dessus de ce creuset sont les *tuyères*, qui soufflent constamment dans l'intérieur, et activent ainsi la combustion au point de maintenir une température blanche dans l'*ouvrage*. C'est dans cette partie du fourneau que s'opèrent la désoxydation du minerai et la combinaison du fer avec le carbone du combustible, pour former de la *fonte* fusible qui tombe dans le creuset, en gouttelettes préservées de l'oxydation du vent de la tuyère, par une couche de verre formée par les gangues et les fondants.

Quand le creuset est plein, on coule la fonte en barres et contre-barres appelées, les premières *gueuses*, et les secondes *gueusets*.

La fonte ainsi obtenue doit subir un second traitement pour devenir du fer. Ce traitement se compose de deux autres, savoir:

> L'affinage.
> Le forgeage.

L'affinage a pour but d'enlever à la fonte la presque totalité du carbone qu'elle contient. A cet effet, on la jette dans des creusets à six tuyères, on mélange avec une grande quantité de charbon ou de coke en feu; quand la température s'est assez élevée pour mettre la fonte en fusion, et quand le feu a agi suffisamment sur elle pour oxyder le carbone qu'elle contient, on la coule dans un bassin en fonte, puis on projette de l'eau dessus. Cette eau, en refroidissant subitement la fonte, la rend blanche et cassante.

Le forgeage comprend toute la série des opérations nécessaires pour faire passer le fer de l'état de fonte blanche à celui de fer marchand ou tôle, savoir:

> Le puddlage;
> Le cinglage;
> Le laminage dégrossisseur;
> Le coupage;
> Le ballage;
> Le laminage finisseur.

Le puddlage a pour but d'enlever à la fonte tout son carbone. A cet effet, on jette la fonte dans des fours à reverbère, où elle est mise en fusion; à ce moment, des ouvriers armés de ringards en fer, bras-

sent cette fonte qui peu à peu devient pâteuse, et finit par se réunir en une ou plusieurs boules, à la volonté de l'ouvrier.

Le cinglage a pour but de rendre homogène la
composition des boules formées par le puddlage ; or
les matières vitreuses en fusion, appelées *laitiers*,
sont les seules substances qui empêchent ces boules
appelées *loupes*, d'être parfaitement soudées en tous
points. Pour les en débarrasser, on les place, soit
sous un marteau d'un grand poids (4 à 5,000 kil.),
soit sous une presse, qui en exprime les laitiers absolument de la même manière qu'on exprime l'eau
d'un linge mouillé en le battant ou en le tordant.

Le laminoir dégrossisseur, par lequel on fait passer la *loupe* encore chaude, a pour but de la convertir en une barre de fer pouvant facilement se travailler.

Comme les barres qui sortent du laminoir dégrossisseur et portent le nom de fer puddlé, ne sont pas
suffisamment homogènes, on les coupe à la cisaille,
on les réunit en faisceaux de 40 centimètres de long,
sur 15 à 20 de côté carré, environ, et on les jette
dans des fours à reverbère, appelés fours *à réchauffer ou à baller*. Quand ces faisceaux appelés *balles*,
sont suffisamment chauds, on les passe d'abord au
laminoir dégrossisseur, pour souder les différentes
bandes dont ils se composent, puis immédiatement
au laminoir finisseur, et on obtient ainsi du fer
ballé.

On peut affiner davantage le fer en le réchauffant
de nouveau, et en le laminant encore ; on obtient
alors le fer marchand, fin ou ordinaire, suivant qu'il
est pur ou mélangé de fer puddlé.

Pour la tôle, le nombre des passages au laminoir est plus considérable.

Ce qui fait que souvent les tôles fortes se séparent en deux pendant le travail de la chaudronnerie, ou sous l'influence du feu des foyers des chaudières, c'est que ces tôles sont généralement composées de deux feuilles de tôle mince qui se soudent au four à réchauffer, et sont laminées ensuite ensemble, de manière à couvrir mutuellement leurs défauts.

Or, pour que la soudure soit bonne, il faut que la température du four à réchauffer soit suffisamment élevée ; il faut de plus que les surfaces en contact ne soient pas recouvertes d'une couche de rouille.

Comme cette dernière condition est difficile à remplir, on est dans l'usage de projeter un fondant quelconque entre les feuilles à souder ; ce fondant en dissolvant l'oxyde décape les surfaces en contact, et rend la soudure très-facile ; c'est le laminoir qui est chargé de faire évacuer le verre qui se forme ainsi entre les deux plaques.

La résistance à la traction du fer en fil est de 77 à 83 kil. par millimètre carré.

Pour les fers laminés, ronds ou carrés, les cornières, les fers à T ou plats, cette résistance varie de 32 à 38 kil.

La résistance à la compression est sensiblement la même, tandis que l'on admet que la résistance au cisaillement est de 0.8 de celle à la traction.

Fonte.

La fonte est un alliage métallique ou une combinaison chimique de fer et de carbone, en proportion non encore déterminée exactement.

Il y a trois variétés principales de fonte :

La fonte blanche, contenant 4 p. 100 de carbone.
La fonte truitée qui en contient 5 p. 100.
La fonte grise qui en contient 6.7 p. 100.

La fonte employée en chaudronnerie est une fonte généralement truitée, suffisamment résistante, et se prêtant assez facilement au travail de l'outil.

Sa résistance à la rupture par traction a été trouvée égale à 11 k. 23 en 1815, par MM. Minard et Desormes. Cette valeur a été vérifiée plus tard par M. Hodgkinson. Mais des essais plus récents ont donné 16 k. 64 pour valeur de cette résistance.

Acier.

L'acier est un alliage ou combinaison de fer et de carbone, probablement dans la proportion de 98.50 fer et 1.50 carbone.

Il y a dans le commerce quatre sortes d'acier.

1º L'acier naturel que l'on obtient le plus souvent par hasard en traitant certains minerais dans les forges catalanes.

2º L'acier de forge provenant de l'affinage partiel de certaines fontes manganésifères, traitées au bois.

3º L'acier de cémentation, obtenu par le séjour prolongé de barres de fer enveloppées de poussier de charbon, à une certaine température, dans des fours spéciaux dits de *cémentation*.

4º L'acier fondu provenant de la fusion de l'un des aciers ci-dessus, ou de la transformation directe de la fonte en acier dit Bessemer.

Presque tous les outils de chaudronnier sont en acier ou en fer aciéré.

L'acier fondu ou de cémentation, étiré au marteau, en petits échantillons de première qualité, offre une résistance à la rupture de 100 kil. par millimètre carré.

Le plus mauvais, en barre de gros échantillon, mal trempé, 36 kil.

De moyenne qualité, 75 kil.

La fabrication incertaine de l'acier fondu a longtemps fait préférer le bon fer dans l'industrie. Mais la fabrication de ce métal a fait de nos jours de très-grands progrès. On peut la conduire sûrement et obtenir les qualités que l'on désire. Aussi l'acier tend à être de plus en plus généralisé.

CHAPITRE III.

Plomb. — Etain. — Zinc.

— — —

ARTICLE PREMIER. — *Plomb*.

Notation en chimie : Pb.
Equivalent : 103.56.

Le principal minerai de plomb est le sulfure ou galène.

Il n'existe en France que deux usines à plomb importantes : celles de Poullaouen en Bretagne, et de Pont-Gibaud en Auvergne.

Ce métal est un des plus anciennement connus. Pur et coupé récemment, il est d'une couleur gris bleuâtre très-brillante, mais se recouvrant promptement d'une couche d'oxyde terne, par suite du contact de l'air. Sa densité varie entre 11.352 et 11.445, suivant qu'il est plus ou moins pur. Il est très-malléable et assez ductile pour être tiré en fils de un millimètre de diamètre. Il fond à 334°, et se volatilise au rouge-brun. Sa ténacité est très-faible, comme nous l'avons vu précédemment en comparant la ténacité du cuivre à celle des autres métaux. Il est bon conducteur du calorique et peut s'employer au chauffage des liquides; il s'emploie principalement pour faire des tuyaux, des réservoirs, des masses et des joints.

Le plomb, jouissant de la propriété d'être inattaquable par l'acide sulfurique hydraté, s'emploie encore pour faire les chambres dans lesquelles on fabrique cet acide, ainsi que les appareils dans lesquels on le distille.

A l'état d'oxyde ou *minium*, il est très-employé en mélange avec de l'huile de lin, pour faire les joints dits en *mastic de plomb*. A l'état de carbonate ou *céruse*, il sert à la fabrication du *blanc de céruse*, couleur excessivement employée dans les arts.

La propriété la plus importante du minium et de la céruse est celle de rendre très-promptement siccatives les huiles avec lesquelles on les mélange.

Par mill. carré.

La résistance, à la traction du plomb fondu,
   est de. 1.28
— du plomb laminé. 1.35
— du fil de plomb de coupelle, fondu,
     puis passé à la filière, et de 4 millim. de diamètre. 1.36

Le plomb s'emploie en chaudronnerie pour les alliages et pour des rondelles de joints.

ARTICLE 2. — *Etain.*

Notation : Sn.
Equivalent : 58.82.

L'étain du commerce, sauf celui de Banca et de Malacca (Indes), qui approche de la pureté parfaite, n'est jamais bien pur.

Ce métal est blanc, d'appareuce intermédiaire entre celles de l'argent et du plomb, faisant entendre, s'il est pur, quand on le ploie, un craquement bien connu et appelé *cri de l'étain* ; sa densité est de 7.29. Il a une saveur et une odeur très-désagréables. C'est le plus fusible de tous les métaux ; il fond à 220° centigrades. En alliage avec le plomb, en proportion très-grande, il constitue ce qu'on nomme la soudure des plombiers.

On nomme *étamage* l'opération qui a pour but de recouvrir une surface d'étain. Le cuivre et le fer se prêtent très-facilement à cette opération ; aussi la fabrication des ustensiles étamés est-elle une des principales branches de la chaudronnerie.

Ce qui fait préférer l'étain aux autres métaux pour former la surface des ustensiles de cuisine, en contact avec les aliments, c'est sa résistance aux réactifs qui attaquent généralement les métaux. Ainsi l'air, l'eau, l'air humide, les huiles rances, le vinaigre, les acides affaiblis, n'attaquent pas l'étain, et attaquent le fer et le cuivre.

De plus, quand par hasard l'étain est attaqué, loin

de former un sel soluble et souvent vénéneux, il se dépose à l'état d'acide stannique insoluble.

La résistance de l'étain à la rupture par traction, est de 3 kil. par millimètre carré.

Le traitement métallurgique des minerais d'étain comprend : le grillage, le lavage, la fonte, le traitement des résidus ou le raffinage du métal. La fusion, après le grillage, a lieu au four à tuyères ou au four à reverbère. Ce dernier four est préféré dans les mines d'étain de Cornouailles, les plus riches et les plus anciennes, puisque c'est de ces mines que les Phéniciens le tiraient.

ARTICLE 3. — *Zinc.* Zn. 32.53.

Le zinc est un métal plus solide que l'étain et le plomb, d'une apparence analogue à celle du plomb, d'une densité égale à 7 environ. Il n'est pas aussi bon conducteur du calorique que le cuivre, et est beaucoup plus fusible et très-volatil, ce qui rend la fabrication du laiton susceptible de beaucoup de déchet.

Le zinc n'est guère bon qu'à faire des alliages ; cependant, depuis quelques années, son usage s'est répandu pour la fabrication des ustensiles de ménage.

Tant qu'on ne l'emploie qu'à faire des seaux pour l'eau de puits, des baquets pour mettre sous les fontaines, des bains de pieds, etc., il n'y a pas grand inconvénient ; mais pour les appareils culinaires, il doit être proscrit. Ce métal est très-facilement attaquable par les acides, et donne des sels très-vénéneux, dont l'action se manifeste par des vomissements.

Le zinc du commerce est généralement assez pur, et il faut qu'il en soit ainsi, car il suffit de la présence d'une très-petite quantité de matières étrangères pour diminuer considérablement sa malléabilité et le rendre impropre au laminage.

Le zinc fond à 500° centigrades. Cassant à la température ordinaire, il devient malléable vers 100°, et redevient de nouveau cassant à 200°, à tel point qu'il se laisse pulvériser dans un mortier.

Les seuls minerais de zinc sont le carbonate ou *Calamine*, et le sulfure ou *Blende,* dont les principaux gisements se trouvent à la Vieille-Montagne, en Silésie et en Angleterre.

On fabrique depuis quelques années, en remplacement du blanc de plomb ou céruse, qui par ses émanations sulfureuses expose les ouvriers aux mêmes maladies que la céruse, un *blanc de zinc* que l'on obtient par le mélange d'huile siccative et d'oxyde de zinc.

La résistance à la rupture par millimètre carré est de 6 kil. pour le zinc fondu et 5 kil. pour le zinc laminé.

Le zinc était connu des anciens pour les alliages, mais ce n'est que dans ce siècle qu'il a été obtenu en feuilles applicables à la fabrication d'une foule d'ustensiles de ménage.

LIVRE II

CHAPITRE PREMIER.

Des principaux agents chimiques employés par le chaudronnier en cuivre.

Dans les opérations du décapage, de la soudure, de l'étamage, le chaudronnier emploie différents agents chimiques, des acides, acides sulfurique, hydrochlorique, nitrique, des sels dont les plus usités sont : le sel ammoniac, le borax, etc. Il doit connaître la nature des agents qu'il emploie pour se rendre compte des effets qu'il obtient, des méthodes dont il se sert. Par là, il arrive à simplifier ses procédés, et à se créer des recettes rationnelles.

Les agents chimiques sont entre les mains des ouvriers une source d'accidents ; nous leur indiquerons les moyens de les prévenir et de les combattre.

§ 1er. ACIDE SULFURIQUE.

Acide sulfurique (acide du soufre, acide vitriolique, huile de vitriol), tels sont les noms qu'on donnait à cet acide, et qu'on lui donne encore quelquefois dans le commerce et dans les ateliers.

Cet acide offre beaucoup d'intérêt au savant et à l'industriel.

Son bas prix, son énergie, en font un agent indispensable dans la plupart des fabrications.

L'acide sulfurique se présente sous trois formes distinctes :

1° Anhydre et pur.

2° Mélangé d'acide hydraté, c'est l'acide fumant ou glacial de Nordhausen.

3° Combiné à une certaine quantité d'eau, c'est l'acide ordinaire du commerce, connu encore sous le nom d'acide sulfurique d'Angleterre.

Nous dirons quelques mots des deux premières variétés.

Acide sulfurique anhydre.

Cet acide se présente sous forme d'aiguilles blanches, soyeuses et flexibles, se liquéfiant à 25° centigrades, se volatilisant presque subitement, décomposable par la chaleur ; exposé à l'air, il répand des fumées blanches. Cet acide n'est employé que dans les laboratoires.

Acide de Nordhausen.

Cet acide, qui se fabriquait auparavant dans la Prusse rhénane, se prépare plus généralement et plus économiquement près de Prague, en Bohême.

On l'obtient de la distillation du protosulfate de fer ; la couleur de cet acide est brun foncé ; exposé à l'air, il répand des fumées blanches. Il contient accidentellement de l'acide sulfureux ; aussi son odeur est-elle forte et suffocante. On l'emploie dans les laboratoires, et dans les arts pour dissoudre l'indigo.

Acide sulfurique du commerce.

Cet acide s'obtient en mettant en présence, dans des chambres en plomb, de l'acide azotique et de l'acide sulfureux, avec excès d'air.

Il est liquide, incolore, ayant une apparence huileuse, corrodant les matières organiques en les noircissant.

Sa densité est 1.852. Il n'entre en ébullition qu'à 326° centigrades, et se distille ensuite sans altération. Il absorbe l'humidité de l'air. Plus il contient d'eau, plus sa densité et son point d'ébullition s'abaissent. L'acide sulfurique est un poison violent; à petites doses, il cause la mort des animaux, qui succombent en proie aux douleurs les plus vives.

Malheureusement pour les ouvriers, ces empoisonnements ne sont que trop fréquents : le remède employé dans ce cas est d'administrer aux malades de l'eau, du lait, de l'huile d'olives, ou ce qui vaut encore mieux, de la magnésie caustique délayée dans l'eau ou l'huile, afin d'étendre et de neutraliser l'acide, en même temps qu'on provoque des vomissements.

Au contact de l'air, il se colore en brun. Cette coloration est due aux poussières organiques qui flottent dans l'air.

Il attaque le fer, le cuivre, le zinc, et forme, avec la plupart des métaux, des sels connus sous le nom de sulfates.

L'acide du commerce doit marquer 66° à l'aréomètre de Baumé.

Il contient ordinairement en dissolution des corps

étrangers. En faisant évaporer 50 ou 60 grammes d'acide dans une capsule de platine, on en reconnaît la quantité. Il est regardé comme pur, dans les arts, quand il ne laisse qu'un résidu de 5 millièmes.

Il est important de connaître la richesse réelle de l'acide qu'on emploie.

Le tableau suivant est bon à consulter dans la pratique.

TABLEAU de la richesse de l'acide sulfurique à divers degrés, pour la température de 15° C.

DEGRÉS de l'acide à l'aréomètre de Baumé.	DENSITÉ de l'acide.	PROPORTION d'acide hydraté pour 100.	PROPORTION d'eau pour 100.
66°	1.842	100°	0°
60	1.725	84.22	15.78
60	1.717	82.34	17.66
55	1.618	74.32	25.68
54	1.603	72.70	27.30
53	1.586	71.17	28.83
52	1.566	69.30	30.70
51	1.550	68.30	31.70
50	1.532	66.45	33 55
49	1.515	64.37	35.63
48	1.500	62.82	37.20
47	1.482	61.32	38 68
46	1.466	59.85	40.15
45	1.454	58.02	41.98
40	1.395	50.41	49.59
35	1.315	43.21	56.79
30	1.260	36.52	63.48
25	1.210	30.12	69.88
20	1.162	24.01	75.99
15	1.114	17 39	82.61
10	1.076	11.73	88.27
5	1.023	6.60	93.40

§ 2. ACIDE HYDROCHLORIQUE OU CHLORHYDRIQUE DU COMMERCE.

L'acide hydrochlorique (acide marin, acide muriatique, esprit de sel), à l'état de pureté, est un liquide incolore, répandant au contact de l'air, des vapeurs blanches et suffocantes. D'une densité de 1.2109.

On peut évaluer d'après le tableau suivant, la quantité d'acide réel contenue dans des solutions à différents degrés de l'aréomètre de Baumé.

DENSITÉ.	QUANTITÉ D'ACIDE réel pour cent.	DEGRÉS à l'aréomètre de Baumé.
1°210	42°43	26°5
1.190	38.38	24.5
1.170	34.34	22
1.150	30.30	20
1.130	26 26	17.5
1.110	22.22	15
1.090	18.18	13
1.070	14.14	10
1.050	10.10	7.5

L'acide du commerce est souvent coloré en jaune par la présence du fer ; il renferme aussi quelquefois de l'acide sulfurique, du chlore, de l'acide sulfureux. Cet acide s'obtient par la réaction de l'acide sulfurique sur le sel marin. L'acide hydrochlorique gazeux est reçu dans des vases remplis d'eau, où il entre promptement en dissolution.

L'eau peut dissoudre les 3/4 de son poids d'acide hydrochlorique gazeux, ou 364 fois son volume.

Les emplois de l'acide hydrochlorique sont nombreux; il sert à la fabrication de l'eau régale, du sel d'étain, de la composition d'étain à la proportion de l'acide carbonique, pour décaper, nettoyer les métaux.

Nous avons dit que les vapeurs de l'acide hydrochlorique sont dangereuses à respirer; pour les neutraliser, on peut se servir d'une solution d'ammoniaque ou d'eau de chaux.

§ 3. ACIDE NITRIQUE OU AZOTIQUE (ESPRIT DE NITRE, ACIDE DU NITRE, ACIDE NITREUX, EAU FORTE).

On obtient cet acide en soumettant le salpêtre (nitrate de potasse) à l'action de l'acide sulfurique.

Purifié et concentré, il contient 19.84 pour cent d'eau; il est incolore ou légèrement coloré en jaune, s'il a été exposé à l'action de la lumière. Au contact de l'air, il répand des fumées blanches.

Il agit avec beaucoup d'énergie sur les substances organiques qu'il corrode. Il fait des taches jaunes sur la peau.

Cet acide forme des sels avec la plupart des métaux; il n'attaque ni l'or, ni la platine, ce qui permet de l'employer pour séparer ces métaux de leurs alliages. C'est un poison violent.

On peut le combattre en administrant de suite des liqueurs adoucissantes, de l'eau de gomme, du lait, de la magnésie caustique, de l'eau de chaux, de l'eau de savon, qui peuvent en neutraliser les effets si on s'y prend à temps.

§ 4. BORAX.

Il existe dans certains lacs de l'Inde, proche des montagnes du Thibet, un sel de soude qui rend de nombreux services. C'est celui que les Arabes désignèrent sous le nom de Baurrach, d'où l'on a fait le mot Borax, qui s'est conservé jusqu'à nous. On pense que c'est cette même matière saline que Pline appelle Chrysocolla, à cause de la propriété qu'il lui connaissait de servir à souder l'or aux autres métaux.

Ce sel est formé de soude et d'un acide particulier que Homberg isola le premier en 1702, et qui depuis a été reconnu pour un composé d'oxygène et de bore. On l'a donc nommé acide borique, et, par suite, le borax a pris le nom de borate de soude.

Vers 1815, la fabrication du borax par l'acide borique sembla présenter des difficultés. Elles furent vaincues par MM. Cartier et Payen, et aujourd'hui cette fabrication est une des opérations chimiques des plus simples.

Le borax arrive de l'Inde en petits cristaux agglomérés, d'un jaune verdâtre, recouverts d'un enduit terreux, et imprégnés d'une matière grasse, comme savonneuse, qui leur donne un toucher gras et onctueux. C'est le borax brut, le Tinkal. En Europe, on le raffine et on l'amène à un assez grand état de pureté.

Le borax raffiné est en cristaux volumineux, prismatiques, ayant une cassure vitreuse et une demi-transparence. Ils sont légèrement efflorescents, et ils ont une saveur très-peu alcaline et douceâtre; l'eau les dissout assez facilement, et la solution verdit le sirop de violette.

Le raffinage du borax brut tiré de l'Inde et de la Chine fut longtemps un secret conservé par les Vénitiens qui monopolisèrent cette industrie. Elle ne s'introduit en Hollande et ne fut exercée en France que vers la fin du siècle dernier.

Il se fond, au-dessus de la chaleur rouge, en un liquide limpide, qui, par le refroidissement, se fige en un verre incolore et transparent.

Il jouit de la propriété de faciliter la fusion des oxydes métalliques et de les dissoudre ; il se colore diversement suivant la nature de ces oxydes, ce qui le fait employer avec avantage dans l'analyse des minéraux, ainsi :

L'oxyde de manganèse le colore en violet ou en bleu, suivant sa proportion.
— de fer, vert-bouteille ou en jaune.
— de cobalt, bleu-violet très-intense.
— de nickel, vert-émeraude clair.
— de chrôme, vert-émeraude foncé.
— d'antimoine jaune.
— de cuivre, vert clair.
— d'étain, lui donne l'apparence de l'opale.

Par conséquent, lorsqu'on veut savoir quel est l'oxyde qui se trouve dans un minéral, on fond celui-ci avec du verre de borax, sur un charbon à l'aide du chalumeau, et on constate la couleur qu'a prise le verre.

C'est justement à cause de cette propriété de dissoudre les oxydes métalliques que le borax est employé dans l'orfèvrerie et la bijouterie, pour souder les métaux les uns aux autres. Quand il s'agit par exemple de souder deux pièces de cuivre, on les découpe, on les saupoudre avec de la soudure en limaille et du borax calciné en poudre, et on chauffe le tout jusqu'à ce que toute la soudure commence à fondre. En fondant, celle-ci s'allie avec les pièces métalliques et les réunit; mais il faut pour cela qu'elle soit, ainsi que les pièces, toujours bien décapée, c'est-à-dire brillante et non recouverte d'oxyde, et c'est là l'effet que produit le borax, soit parce qu'il dissout l'oxyde qui pourrait se former, soit parce que, enveloppant le métal, il s'oppose à son oxydation par l'air.

Les serruriers et les chaudronniers s'en servent, par le même motif, pour braser ou souder la tôle et le fer.

§ 5. SEL AMMONIAC.

Le sel ammoniac (hydrochlorate d'ammoniaque, muriate d'ammoniaque) existe tout formé dans la nature, mais en petite quantité. Celui qu'on trouve dans le commerce est un produit artificiel qu'on tirait autrefois d'Egypte, et qui provenait de la sublimation de la suie, produite par la combustion de la fiente de chameau. Il se fabrique maintenant en Europe. On le retire par la distillation en vase clos des matières organiques.

Ce sel se trouve sous la forme de pains hémisphériques, blancs, d'une cassure fibreuse demi-transparente, sans odeur, d'une saveur âcre; sa densité est 1,450. Il se volatilise sans se fondre quand on l'expose à l'action de la chaleur. Il ne s'altère pas à l'air sec, mais à l'humidité il devient déliquescent.

A la température ordinaire, il faut deux fois et

demie son poids d'eau pour le dissoudre. Il sert au décapage des métaux, et entre dans la composition de quelques mastics et luts employés par le chaudronnier.

CHAPITRE II.

Des outils du chaudronnier en cuivre.

—

§ 1.   DES CHEVALETS.

Le chaudronnier appelle ainsi des barres de fer de 1^m.30 de long, sur 0^m.05 de diamètre environ, se terminant à un des bouts par une partie offrant quelque analogie avec les enclumes; l'autre bout est percé d'un trou servant à y loger un petit billot. Ces chevalets, sous le rapport des formes, varient beaucoup, comme on peut le voir pl. 1, fig. 1, 2, 3, 4, 5, 6, 7, 8, 9.

Le prix aux forges de Vulcain (rue Saint-Denis, à Paris), en est de 1 fr. 80 le kilogramme.

Fig. 1, chevalet dont le plat est long et large; la partie bc est taillée en biseau; quand elle arrive en d, la tige de ce chevalet e se termine par un trou f, servant à loger de petits billots.

Fig. 2, le chevalet a son plat étroit et long, le biseau est en d, la tige e se termine encore par une pièce f, ajoutée.

Fig. 3, le chevalet à deux plats a et b; a est court et étroit, b est large et long : ce chevalet en dd, est laissé en biseau. Dans les chevalets que nous avons décrits, il arrive souvent que la partie servant d'enclume n'est pas assez élevée pour travailler certains vases ; on devra alors se servir du chevalet représenté fig. 4 : ce chevalet est relevé à ses extrémités.

Fig. 5. Chevalet dont le plat n'est pas très-élevé ; *a*, plat étroit ; *b*, plat plus large ; *e*, tige ; *d*, biseau.

Fig. 6. Chevalet dont le côté *a* est muni d'une pièce ajoutée élevée seulement de 27 millimètres, dont le plat est uni, le plat *b* ne surmonte la tige que de 27 millimètres ; il est un peu bombé pour pouvoir y dresser et y planer des vases ronds.

Fig. 7. Ce chevalet est muni de deux plats *a* et *b*, en forme de coupole, dont l'une est plus grande que l'autre.

Fig. 8. Chevalet dont le plat *a* est cintré au-dessous, de manière à y placer le ventre d'une bouilloire à thé.

Fig. 9. Chevalet dont l'un des bouts se termine en pointe *b* : le côté *a* est rond à sa partie inférieure, et va en pointe à sa partie supérieure, ce qui permet de s'en servir pour travailler des entonnoirs et autres ustensiles de forme analogue. L'ouvrier doit souvent faire ses chevalets suivant le travail qu'il veut exécuter. Le plat du plus grand chevalet est de 217 millimètres sur 14 millimètres. Le plat du moindre est de 54 millimètres sur 14 millimètres. Nous devons dire que les trous *f f f* doivent avoir les mêmes dimensions pour que les mêmes billots puissent servir pour tous.

Pl. 1, fig. 10. Chevalet à plats égaux, chanfreiné d'un côté (Forges de Vulcain).

Les chevalets sont posés sur des blocs en bois de chêne frettés. (Voyez fig. 39.)

Dans ces blocs est pratiquée une rainure *a b c d*, pour y loger la tige du chevalet. Le bloc, pour plus de solidité, a un cercle en fer *e f*. Ces blocs varient pour les dimensions; ils sont ordinairement de 0,65 à 1,30 de hauteur sur 0,65 de diamètre.

Quelques-uns des outils énumérés sont communs à diverses industries, comme on peut s'en convaincre en voyant les manuels du *Serrurier*, du *Ferblantier-Lampiste* et du *Maître de forge* (*Encyclopédie-Roret*).

§ 2.   DES ENCLUMES.

Les enclumes dont se sert le chaudronnier pour forger, sont semblables à celle du maréchal-ferrant et du serrurier. (Voyez le *Manuel du Serrurier*.) On distingue l'enclume proprement dite et le billot. Le billot, ordinairement en bois de chêne, est enfoncé en terre, de 0,65, et la surface est recouverte de clous assez rapprochés, afin que le billot offre plus de résistance aux coups. Il arrive souvent qu'une des extrémités de l'enclume n'est pas terminée en pointe (voyez fig. 31).

Les enclumes ont souvent la forme indiquée fig. 27; nous voyons en *b*, sur le billot, un trou qui sert à placer les bigorneaux, en *e*, sur l'enclume, un autre trou pour y loger l'ébarboir. Quand l'ouvrier se sert de l'enclume, seulement pour forger, elle ne doit avoir que 100 millimètres de large, parce que le métal s'étend mieux sur une surface étroite. Si l'enclume est employée pour étendre des plaques ou planer de grands vases, alors elle aura plus de largeur. Il faut alors que le billot soit mobile pour être transporté là où l'enclume doit être employée.

§ 3. DES BIGORNEAUX.

Les figures 25, 26, 30, font voir trois sortes de bigorneaux ; ceux-ci sont munis, dans leur milieu *c*, d'une tige carrée, à l'extrémité de laquelle se trouve le pied portant une pièce ajoutée *d d*, à laquelle est attachée la pointe servant à planter le bigorneau dans le billot.

On voit en *a b*, fig. 25 ; *ss*, fig. 26 ; *rr*, fig. 30, la manière différente dont se termine l'extrémité des bigorneaux. Ces bigorneaux varient d'ailleurs beaucoup pour les dimensions.

La figure 82 représente une bigorne d'équerre.

§ 4. DU CHALUMEAU.

Le chaudronnier ne se sert que peu, si ce n'est point, de cet instrument qui est spécialement du ressort du *plombier* (voyez-en le manuel), qui trouve dans la lampe à esprit-de-vin fig. 98, pl. 1, si connue, un auxiliaire très-utile pour ses soudures au plomb.

§ 5. DU BANC A TIRER.

On se sert de cette machine pour étirer les tuyaux de cuivre qu'on fait passer dans une filière fixée sur le banc (fig. 24). Pour faire entrer le tuyau dans le trou de la filière, il faut aplatir au marteau une de ses extrémités. La table *a, b, c, d*, représente le banc proprement dit.

e, la filière.

f, tenaille ou crampon.

g, tuyau de cuivre.

h, manivelle et crémaillère.

Il est évident que le banc à étirer dont il est parlé ici, est l'expression la plus élémentaire de cet outil qui peut atteindre des dimensions et une puissance bien autrement considérables quand il s'agit d'étirer de grosses pièces.

§ 6.   SOUFFLET PORTATIF.

On se servait précédemment et l'on se sert encore d'un soufflet composé de planches reliées par une basane souple, et manœuvré à l'aide d'une pédale et d'un contre-poids, le tout entouré dans un petit châssis en bois.

Aujourd'hui on a beaucoup modifié ces petits soufflets portatifs.

M. Enfer, constructeur, rue de Rambouillet, à Paris, est particulièrement connu pour les perfectionnements importants qu'il a introduits dans ses soufflets, généralement portatifs, pour toutes sortes d'industries, et notamment pour la chaudronnerie.

§ 7.   DES TENAILLES.

Les tenailles employées le plus ordinairement par le chaudronnier, sont représentées dans les figures 18, 19, 20, 21, 22, 23, 29, 34 (pl. 1).

Fig. 18. Pinces communes.

Fig. 19. Béquettes présentant un creux pour que l'on puisse y loger un gros fil de fer ou de laiton.

Fig. 20. Tenailles dont les mâchoires sont planes et unies.

Fig. 21. Tenailles dont les mâchoires se terminent en pointes.

Fig. 22. Tenaille dont une des mâchoires est droite et l'autre courbe.

Fig. 23. Tenailles dont les mâchoires sont en bec, afin que l'on puisse saisir le cuivre en soudant le bord aux bordures.

Fig. 29-34. Tenailles qui servent à saisir le creuset où le chaudronnier prépare la soudure forte.

Depuis quelques années, par suite de l'augmentation du poids des feuilles, et de la plus grande variété de fabrication, les formes de tenailles ont été modifiées pour la chaudronnerie et les forges (voyez le *Manuel du Maître de Forge*).

Les grandes maisons de quincaillerie de Paris, que nous aurons souvent l'occasion de citer, offrent un assortiment remarquable de ces sortes d'outils. Les figures 1 à 9, pl. 17, représentent la série des tenailles de M. Chouanard frères, 5, rue Saint-Denis, que cette maison vend au prix de 1,20 à 1,40 le kilog.

Ces sortes de tenailles sont en général d'un fer de première qualité, et les mâchoires sont en acier écroui pour qu'elles ne puissent ni se plier ni s'ébrécher.

§ 8. DE LA MACHINE A FAIRE LES RIVETS, LES CHEVILLES, ETC.

Cette machine est représentée en élévation dans les deux figures 35 et 36.

a a, bâti de la machine.

b, levier qu'on peut manœuvrer à la main, dont le point de rotation est en *c*.

d, moitié de la matrice attachée au bâti, et qu'on ajuste au moyen de la vis *e*.

f, autre moitié de la matrice mobile sur le bâti *a.*

h, pièce servant à faire avancer la moitié mobile de la matrice.

Cette pièce reçoit son mouvement du levier.

Elle pousse la partie *f* contre la partie *d,* de manière à ce qu'un fil passant dans un trou pratiqué dans le bâti *a,* soit coupé d'une longueur voulue.

En manœuvrant le levier, le fil de fer qui est déjà coupé au moyen d'un poinçon *l* logé dans la boîte *m,* reçoit une pression et la tête se trouve faite. L'opération terminée, on relève le levier *b* qui reprend sa première position, les deux parties de la matrice s'écartent, et permettent de retirer le fil de fer coupé et garni d'une tête. La pièce *n* qui relie au levier la partie *l,* la remet dans sa première position, afin qu'elle puisse fonctionner de nouveau.

Nous donnerons plus loin les machines à faire les gros rivets, à chaud et à froid, soit à la *bombarde* fig. 8 à 10, pl. 4, pour une fabrication limitée, soit à la *machine à river* pour une plus grande production.

§ 9.   MACHINE POUR COUPER LE MÉTAL (*Cisailles*).

Nous exposons ici cette petite machine en attendant que nous puissions montrer l'un des derniers systèmes appliqué à des travaux plus importants.

Fig. 38, 48, 49 (pl. 1).

a b c d e, bâti en fer; sur le côté *a c* se trouve une ouverture *m.*

x y, x y, trous dans lesquels tournent deux arbres *g g* portant à leurs extrémités, qui sont taraudées, deux poulies d'acier de forme conique.

Ces poulies sont disposées de telle sorte que leur

partie tranchante soit en regard avec un écartement d'environ 5 millimètres ; à l'autre extrémité les arbres portent des pignons qui engrènent et qui sont fixés solidement au moyen d'un taraud.

t, levier fixé en *s* et qui sert à donner le mouvement aux pignons.

B, vue de côté de la même machine.

r r', poulies d'acier.

a b c d, bâti de la machine.

La figure B montre la disposition des pignons.

Quand on veut faire usage de cette machine, on la fixe par sa base *d e* sur un billot en bois au moyen de boulons.

On communique le mouvement de la manière suivante :

En manœuvrant le levier, on fait tourner les pignons en sens opposé. Les poulies d'acier suivent le mouvement des pignons, et l'on comprend facilement qu'une feuille de métal prise entre les tranchants des poulies sera coupée.

§ 10. DES TASSEAUX.

Le chaudronnier appelle tasseaux des barres de fer verticales, de section variable, ayant la partie supérieure plate, la partie inférieure terminée en pointe, de manière à pouvoir être enfoncée dans un bloc de bois.

La partie importante du tasseau est le plat ; elle doit être en acier de bonne qualité. La hauteur d'un tasseau en fer varie ordinairement de 65 à 95 centimètres sur une section de 60 à 80 millimètres carrés.

La largeur du plat n'a pas de dimensions déterminées; les tasseaux se font ordinairement d'une seule pièce ou de deux pièces qu'on peut démonter.

La figure 13 est un tas rond comme la figure 12, mais coudé. Le tas fig. 10 est dit en pied de chèvre, et celui fig. 11 est appelé fer à cheval, à cause de sa forme.

Les figures 16 et 17 représentent des tasseaux bas, dits *tables à main.*

Les figures 40, 41, 42, 43, 44, 45, 46, pl. 1, représentent des tasseaux de formes différentes. A défaut d'une tige de fer, on peut employer une tige de bois (voyez fig. 47). *a,* trou pour y loger un petit billot; *b,* cercle en fer; *c,* partie quadrangulaire qui entre dans le bloc de bois. Les tasseaux se portent sur des blocs, soit mobiles, soit fixes.

La figure 50 représente un bloc fixe cerclé en fer, afin que le bloc n'éclate pas si on y enfonçait des tiges de tasseaux un peu forts.

§ 11. DES MARTEAUX.

Le chaudronnier emploie trois espèces de marteaux, qui sont le marteau de forgeron, le marteau à étendre ou planer, et le maillet en bois.

Les figures 52, 53, 54, pl. 1 et 3, représentent les marteaux à forger. Il y a plusieurs sortes de maillets : les maillets en bois à panne droite, comme le représente la figure 55; les battoirs qu'on voit fig. 56, 57; les marteaux à étendre, fig. 58, 59, 60, 61, 62.

Les formes de ces maillets dépendent de la forme que l'ouvrier doit imprimer au cuivre; il doit choisir des maillets qui répondent le mieux au but qu'il veut atteindre.

Le maillet en bois est généralement muni d'une pièce rapportée ; on l'emploie dans le travail des chaudières.

Le chaudronnier se sert :

1° Du marteau à étendre (fig. 75, pl. 1).

2° Du marteau à panne de travers, pour rétreindre les vases et pour quelques autres opérations.

3° Des marteaux à panne droite, dont les plats sont ordinairement polis (fig. 54).

4° Des marteaux à piquer (fig. 69). On se sert de ces marteaux quand on coupe les fonds.

5° Des ébauchoirs, employés seulement pour couper le fer et le cuivre. Tous ces marteaux sont représentés fig. 64, 65, 66, 67, 68, 69, 70, 71, 72, 73, 74, 75, 76, 77, 78, 79, 80 (pl. 1).

Les marteaux à panne de travers sont de grandeurs différentes, suivant le travail. Celui qui est représenté fig. 75 a ses plats horizontaux, a et b. Ordinairement les plats de ces marteaux ne sont pas tous unis, ils sont bombés. Le marteau à traverse (fig. 67, 74, pl. 1) est muni de deux plats a et b qui diffèrent ; l'un est taillé en biseau, comme la bisaiguë des charpentiers, l'autre, au contraire, a sa surface plane : le marteau à panne de travers (fig. 70, 71) est analogue aux marteaux à étendre qu'on voit fig. 67, 69, la longueur du marteau, le diamètre des plats variant comme nous l'avons dit.

Les marteaux à panne droite, dont les formes varient comme on le voit, sont à un ou à deux plats, ou d'un seul plat. Ces plats sont de forme circulaire ou rectangulaire ; ils doivent être d'un acier de bonne qualité, afin qu'ils puissent recevoir le poli.

Le chaudronnier se sert peu du marteau à piquer ;

un de ces marteaux est représenté fig. 71, pl. 1 ; il n'en fait usage qu'en coupant les fonds et en mettant le fil.

L'un des côtés de ce marteau est en forme de houe, l'autre côté est oblique. Ces plats doivent être parfaitement aciérés; la partie *a* du coupoir est munie d'une enfonçure demi-ronde : pour faire usage de ce marteau, il faut se servir d'un instrument qu'on voit fig. 79, pl. 1, dans lequel se trouve une enfonçure demi-ronde, d'un diamètre égal à celui du marteau.

Cet instrument est garni d'une queue rapportée qui doit entrer juste dans le trou de l'enclume. Les ébauchoirs (fig. 72, 73, 74) servent à percer des trous et à couper le métal. Ces marteaux se composent d'un plat *a* d'acier écroui, d'un trou *b* dans lequel se loge le manche du marteau et de la tête *c*. La partie *b* et la tête *c* ne doivent pas être d'acier, elle serait trop dure, et la partie *b* pourrait se fondre. Pour percer, il faut une plaque percée de trous.

Outre les marteaux que nous avons passés en revue, le chaudronnier en emploie d'autres, dont l'usage est aujourd'hui assez fréquent, eu égard au développement de l'industrie de la chaudronnerie. Dans un atelier conduit d'une manière intelligente, on doit toujours déterminer la forme des outils, suivant le travail que l'on veut exécuter. Et comme généralement la diversité des travaux est grande, la variété des outils doit être grande aussi.

L'outillage est d'une trop grande importance dans toute fabrication pour que sa forme soit restée stationnaire au milieu de toutes sortes de progrès. Depuis le plus petit outil jusqu'à ces puissantes machines automotrices qui forgent, laminent, percent, rabotent, etc., tout a été transformé et perfectionné dans ces dernières années, car on a compris que c'est dans l'outillage que résident surtout les premières conditions d'une bonne fabrication.

Nous donnons (pl. 17, fig. 18 à 40) les formes des marteaux usités généralement dans les ateliers de forges et de chaudronnerie.

Ces marteaux sont en acier fondu ou aciérés.

Le prix des *marteaux divers* varie suivant leur grandeur.

Celui des *marteaux à main* est de 1 fr. 90 le kilog. quand ils sont seulement aciérés, et de 3 fr. 40 le kilog. quand ils sont en acier fondu.

Les marteaux *à frapper devant*, quand ils sont aciérés, coûtent 1 fr. 80 le kilog., et 2 fr. 80 quand ils sont tout en acier.

Quant aux marteaux *rivoirs*, en fer aciéré ou en acier fondu, leur prix varie, suivant la hauteur des têtes, de 80 cent. à 2 fr. 10 la pièce, et de 3 fr. 90 à 4 fr. 65.

TRANCHES, OUTILS DIVERS.

Bouterolles.

En outre des marteaux de forme et de forces diverses, le chaudronnier emploie aussi d'autres outils tenant de très-près aux marteaux. Ce sont les *tranches* à chaud et à froid, les *masses à chasser* ou à *parer*, planes ou à gorges, les *étampes* ou *sous-étampes*, les *bouterolles*. Ces outils sont indiqués fig. 18 à 57, pl. 17.

Des outils sur l'établi ou au magasin.

En outre des outils de la forge et du chantier, le chaudronnier emploie encore divers autres outils qui, pour appartenir à des branches spéciales différentes de la construction, n'en doivent pas moins avoir leur place ici.

Certains travaux secondaires de la chaudronnerie se font à l'*établi*.

L'établi est un banc solide, formé d'épais madriers, fortement fixé au mur, convenablement éclairé, et muni d'un ou plusieurs étaux (pl. 18, fig. 16). A côté de chaque étau, et sous la table de l'établi, est disposé un tiroir fermant à clef, destiné à enfermer les outils de chaque ouvrier.

Sur l'établi, contre le mur ou dans les tiroirs, se trouvent généralement les objets suivants :

Un *marbre*, pl. 17, fig. 60. C'est une plaque épaisse en fonte, dressée et polie comme une glace, venue sur des nervures qu'elle déborde pour être facilement saisie et déplacée. Il y a des marbres de toutes grandeurs.

Un *trousquin*, fig. 61, 62, 63 et 64, pl. 17, destiné à tracer sur le marbre les lignes parallèles à sa surface. Ce tracé se fait en badigeonnant de craie ou de sanguine la pièce à tracer à l'endroit voulu, et en passant la pointe appuyée du trousquin dont le pied doit toujours glisser sur le marbre ou sur la face dressée de la pièce, s'il y en a une.

Des *compas* divers : compas à *pointes* sèches, compas à *mettre dedans*, compas d'épaisseur, *compas à verge* ou *rallonge, pied à coulisse.*

Un *pointeau,* sorte de tige en acier, ronde ou à six pans, convenablement trempée et effilée, destinée à graver par des piqûres successives et rapprochées, le tracé du trousquin.

Une *règle* en fer, fig. 58, pl. 17, parfaitement dressée et à vives arêtes, destinée à guider l'ouvrier dans son travail préliminaire de dressage et de tracé.

Une *équerre simple,* fig. 66, pl. 17, en acier fondu et soignée. Les équerres en fer sont spécialement pour la forge.

Une *équerre à T,* fig. 71, également soignée et à vives arêtes.

Une *équerre à chapeau,* fig. 67, principalement destinée à tracer des lignes perpendiculaires à la surface du marbre ou de la pièce.

Une *fausse équerre,* fig. 69, pl. 17, en acier fondu, bien soignée. — La figure 70, pl. 17, représente une fausse équerre en fer, moins soignée, pour l'usage de la forge.

Une *équerre à onglet,* pl. 17, fig. 68, en acier. — Il y a aussi d'autres équerres à 6 et 8 pans donnant l'inclinaison du côté de l'hexagone ou de l'octogone, mais qui sont plus spécialement du ressort du mécanicien.

Un *calibre,* fig. 59, pl. 17, qui est plus particulièrement près de la forge que de l'établi, et qui sert à donner à première vue la dimension d'un fer plat, rond ou carré, à froid ou à chaud. On l'appelle aussi *une jauge.*

Une *pointe à tracer,* fig. 90, 91, pl. 17, dont le nom indique suffisamment la fonction, qui doit être convenablement trempée.

Une série de *burins,* fig. 94 à 101, pl. 17, qui affectent des formes diverses aux tranchants suivant le travail auquel ils sont destinés. — Les burins, fig. 97 à 99, sont des *bédanes*. Les burins, pl. 17, fig. 94, 96, 98, sont dits *plats*. — Les premiers sont employés à faire des rainures ou *saignées* dans la surface à dégrossir : les autres servent à enlever les parties qui ont été ainsi dégagées. Leur tranchant aux uns et aux autres est plus ou moins effilé, suivant l'effort à faire.

Une série de *limes* dont la grandeur et la taille varient suivant le fini des pièces à travailler.

Le chaudronnier se sert généralement de *râpes*, fig. 17, 18, 19, pl. 2; il ne se sert de la lime que pour les accessoires, et le plus souvent de limes d'*Allemagne* de *deux au paquet* ou de grosses limes *bâtardes* qui tiennent le milieu entre les grosses limes d'Allemagne et les limes *douces*. La quincaillerie offre une variété infinie de limes de toutes grandeurs et de toutes formes.

D'autres outils sont indispensables au chaudronnier, qui sont généralement emmagasinés dans un endroit spécial de l'atelier où l'ouvrier va les chercher au fur et à mesure de ses besoins.

Nous allons en examiner les principaux.

Les *pinces*, plates, rondes, noires camuses, fig. 10, 11, 12, pl. 17.

Les *pinces* coupantes sur bout et par côté, aciérées ou en acier fondu, fig. 13, 15, pl. 17.

Les *pinces* à percer les métaux, fig. 16, pl. 17.

Les *tenailles* coupantes, fig. 14, pl. 17.

Les *cisailles* à main, fig. 17, pl. 17.

Les *archets ordinaires* ou *à cliquet* pour l'arçon, fig. 117 et 118, pl. 17.

Les *cordes d'arçon* pour archets, fig. 118 *bis.* Ces

cordes sont simplement en boyau tordu, ou garnies de fil-de-fer ou de cuivre.

Les *plaques consciences*, ou simplement *consciences* en bois, garnies d'acier au milieu, fig. 83, pl. 17, sur lesquelles s'appuie le talon de la boîte à foret, fig. 75, pl. 17.

Les *boîtes à forets* ordinaires, fig. 75, 76, pl. 17, où s'engage en *b* le perçoir ou foret, et sur la bobine desquelles, en B, s'enroule la corde d'arçon, en faisant boucle.

Les *vilebrequins simples*, fig. 73, pl. 17, pour percer à la main avec la seule pression d'une partie du corps en *a* où s'appuie la paume de la main.

Les *vilebrequins à engrenages* en fer forgé et limé, fig. 74, pl. 17.

Les *vilebrequins* totalement en fer, pour machine à percer en col de cygne, fig. 114, pl. 17, dont nous parlerons plus loin.

Les *forets* à l'archet, simples, et à point de centre pour le fer, fig. 84, 85, pl. 17.

Les *forets à langue d'aspic* pour archet et vilebrequin, fig. 86, 87, pl. 17.

Les *fraises*, fig. 88, 89, pl. 17.

Les *pointes* à ferrer, fig. 90, pl. 17.

Les *poinçons* pour le fer, fig. 92, 93, pl. 17.

Les *chandeliers* de veille à développement, fig. 106, et les *bobèches*, fig. 107, pl. 17.

Les *porte-scies*, fig. 111, et lames de *scies* à métaux, fig. 112, pl. 17.

Les *crochets* à tourner, fig. 102 à 105. Ces crochets doivent toujours être trempés et affûtés avec soin. Ils se divisent en *crochets proprement dits*, fig. 102, pl. 17, à bec rond ou cane, fig. 103, et propres à dégrossir, —

en *grains d'orge*, destinés à tracer des gorges ou à dégager les angles de la pièce qui est sur le tour, et enfin en *planes*, fig. 105, pl. 17, destinés à dresser et finir.

Les *tocs*, fig. 109, pl. 17, qui servent à rendre la pièce à tourner solidaire du mouvement du plateau du tour.

Les *mâchoires* ou *mordaches*, fig. 108, pl. 17, en plomb ou en cuivre, destinées à préserver certaines pièces de l'écrasement ou des atteintes de l'étau.

Les *cardes* à poignée, fig. 82, pour nettoyer les limes, qui s'encrassent facilement entre les mains du chaudronnier qui soude.

Les *tourne-vis*, fig. 110.

Une série d'*équarrissoirs* à pans et demi-ronds, d'*alésoirs* coniques ou cylindriques, fig. 1 à 15, pl. 18. La tête de ces équarrissoirs ou alésoirs, dont les figures correspondantes en coupe, indiquent la section, en un carré légèrement conique destiné à s'emmancher dans la douille d'un vilebrequin ou d'un *tourne-à-gauche*.

Une série de tarauds de formes et de grandeurs variables, des *coussinets* correspondants et des filières.

Une série de *lettres* et de *chiffres*, fig. 115, 116, pl. 17, pour repérer les diverses pièces.

Un *manomètre* destiné à indiquer les pressions qu'éprouvent les vases résistants.

Une variété de *clefs : simples*, pl. 18, fig. 17, *doubles*, fig. 20, pl. 18, pour *carrés* et *six pans, anglaises*, fig. 19, ou à serrage variable.

Les clefs de M. Samuel, dites *à serrage universel*, sont indispensables au chaudronnier en ce que, par leur système d'action, elles permettent de serrer fortement les tuyaux et les tiges rondes.

Les *cliquets*, fig. 21, pl. 18, et les *manchons* ou rallonges de cliquets, fig. 20, pl. 18, dont le chaudronnier se sert pour percer des trous où la machine à percer ne peut atteindre.

Bien d'autres outils encore sont également nécessaires au chaudronnier, puisque, suivant l'importance et la nature de sa fabrication, il peut avoir besoin des mêmes outils que le mécanicien. — Mais nous arrêterons ici notre nomenclature du petit outillage, pour examiner celui de l'atelier proprement dit qui est généralement à poste fixe.

Nous renvoyons, d'ailleurs, pour de plus amples détails, au traité des *Machines-Outils* de M. Chrétien, qui se vend à la librairie *Roret*.

MACHINES A TOURNER, A PERCER — A RABOTER — A CISAILLER — A POINÇONNER — A CINTRER.

Dans l'industrie de l'outillage, chacune des machines ci-dessus dénommées comprend une série d'une grande étendue entre le plus petit et le plus grand modèle. — Nous avons vu tous ces types à l'Exposition de 1867, depuis le plus petit échantillon, jusqu'au type le plus puissant.

Tours.

Le tour le plus élémentaire est celui dit à *archet*, dont nous avons vu les accessoires. Il sert à tourner de toutes petites pièces, à la main. Les crochets formés de carrelets d'acier d'excellente qualité, bien trempés, et de 5 à 6 millimètres d'équarrissage, doivent être parfaitement bien affûtés à la meule.

Après le tour-archet vient le *tour à pédale*, pl. 3,

fig. 6, qui permet de tourner des pièces un peu plus grandes, surtout en faisant actionner la pédale par un manœuvre pendant que l'ouvrier ne s'occupe que de la pièce.

Après le tour-archet et le tour à pédale, viennent les *gros tours,* dont la forme et la force dépendent des travaux qu'ils ont à faire. — Ils se divisent en *tours en l'air, tours à banc brisé, tour parallèle à chariot,* etc. (1).

M. P. Macabies, ingénieur à Paris, ancien élève des écoles d'Arts-et-Métiers, vient de publier dans le *Technologiste* une étude très-complète sur les *Outils de tour et d'ajustage.* Ce travail, publié séparément sous forme de brochure, est rempli de détails nouveaux et curieux.

L'*archet* avec ses accessoires, dont nous venons de parler, est la véritable machine à percer élémentaire. Il faut se servir d'excellents forets et les maintenir bien droits, suivant la direction du trou à percer, en ayant soin de mouiller de temps en temps avec de l'huile ou de l'eau de savon, et en augmentant suivant le besoin la pression du corps ; cette pression est considérablement augmentée lorsqu'on serre l'étau ou l'objet à percer, avec la main gauche, de manière à former ainsi avec cette main et la poitrine où appuie la *conscience,* une espèce d'étau.

Le *manchon* ou *rallonge* indiqué précédemment, avec ou sans *cliquet* est, par ordre, le deuxième mode de perçage, après lequel vient celui de la petite machine à percer dite à *coulisse,* à *arc de cercle* ou à *col de cygne,* pl. 18, fig. 32, généralement fixée contre

(1) Pour plus de détails, consulter le *Manuel du Tourneur,* de l'*Encyclopédie-Roret.*

le mur. Comme il est facile de le voir à la figure, cette machine peut décrire un arc de près de 90°, en allongeant facultativement son rayon, à l'aide de la coulisse. La tête du vilebrequin s'engage dans la vis qui descend d'abord au point suffisant et ensuite au fur et à mesure de l'avancement de la mèche. Il faut que l'axe de la vis, celui du vilebrequin et de la mèche soient en ligne droite et suivant le prolongement de l'axe du trou à percer.

Lorsqu'on perce du fer ou de l'acier, il faut mouiller avec de l'huile ou de l'eau savonneuse. La fonte se perce à sec.

Quand on a besoin de déplacer la machine à percer, elle affecte généralement la forme indiquée fig. 28, pl. 18. Elle peut se terminer à sa base par un pied plat que l'on fixe à l'aide de vis ou de boulons sur un socle; ou seulement par un fort boulon se serrant sur un madrier.

La figure 33, pl. 18, représente une machine à percer *à colonne*, que construit M. Bouhey. Elle est généralement employée dans les ateliers de construction. La maison Decoster a été une des premières à créer ce type de machines.

Nous donnons en coupe, pl. 18, fig. 39, pour bien montrer l'emmanchement et la fonction des pièces, une machine remarquée à l'Exposition universelle de 1867, et exposée par la C⁰ de Fives-Lille, qui exécute avec une grande perfection.

Machine à raboter.

Comme pour tous les autres outils, la machine à raboter, sous le nom de *limeuse* ou étau limeur, fonctionne à la main et peut affecter, dans ce cas, les formes les plus simples.

Celle indiquée pl. 18, fig. 38, est de moyenne force et peut fonctionner à la main ou par transmission. Cette petite machine est fort bien proportionnée et combinée. Elle a été également remarquée à l'Exposition de 1867. Elle est des ateliers de MM. Daudoy et Maillard, de Maubeuge.

Il y a dans l'industrie métallurgique une grande variété de machines à raboter, parfois très-puissantes. Nous en avons vu dans le bassin de la Loire qui étaient employées à dresser des plaques de blindages, et dont on a utilisé le mouvement pour la rayure des canons lors de la dernière guerre. Nous n'entrerons dans aucune autre description, mais nous rappellerons qu'en thèse générale les mouvements du plateau et de l'outil doivent être parfaitement dirigés sans jeu et sans secousses, autrement l'outil a une tendance à brouter. C'est pour cette raison que l'on paraît aujourd'hui renoncer aux mouvements des plateaux mobiles par le moyen de la chaîne-galle que l'on remplace généralement par des arbres filetés.

Machines à cisailler et à poinçonner.

Ces machines sont plus particulièrement du ressort du chaudronnier que les précédentes. Elles fonctionnent accouplées ou séparément.

La figure 27, pl. 18, représente une poinçonneuse à la main, petit modèle, de MM. Daudoy et Maillard. On voit qu'elle peut remplir, et remplit en effet, l'office d'une cisaille, dont les lames sont rapportées en A et B sur le bâti, d'une part, et d'autre part sur l'origine du levier L.

La poinçonneuse cisaille (pl. 18, fig. 29, 30 et 31) à excentrique double, construite par M. Bouhey, est mise en mouvement par une transmission. Elle peut poinçonner et cisailler sur 0^m.018 d'épaisseur, le poinçon restant au-dessous de 0^m.019. Elle est du prix de 2,300 fr.

Dans presque toutes les poinçonneuses, il y a un débrayage disposé antérieurement au poinçon. Lorsque la feuille à percer, dans ses mouvements successifs, se trouve avoir une mauvaise position, et que le poinçon, prêt à descendre, ferait un faux trou, on le débraye et on remet la feuille dans sa véritable position avant d'embrayer.

La marche des cisailles, et principalement des poinçonneuses, est très-lente, à cause du temps dont les ouvriers ont besoin pour faire changer les tôles de place, et à cause surtout du grand effort d'arrachement que ces outils doivent développer. M. Tresca a établi, il y a peu d'années, la théorie de l'*écoulement des solides,* et a mérité le grand prix de mécanique de l'Académie des sciences. Cette théorie a une application directe au travail du poinçon, car il y a là évidemment écoulement de la matière comprimée, ce que M. Tresca a, au reste, parfaitement démontré par une série de débouchures obtenues au poinçon sur des plaques superposées.

Dans certains ateliers, on a essayé de disposer, en avant du poinçon, un chariot sur rail, s'avançant au fur et à mesure du poinçonnage. Cette innovation ne s'est pas beaucoup généralisée, et l'on a le plus souvent préféré un système de suspension de la feuille de métal quand celle-ci devient peu maniable par son poids.

En ne considérant que les cisailles, nous devons remarquer qu'il en existe de circulaires que l'on emploie plus spécialement quand il s'agit de couper des feuilles d'une faible épaisseur. MM. Ziegler et A. Tiersot, 16, rue des Gravilliers, à Paris, construisent parfaitement bien ces sortes de cisailles.

Machine à cintrer.

La machine à cintrer est, plus encore que les précédentes, spéciale pour le chaudronnier.

Primitivement cette machine était bien grossière et donnait de forts mauvais services. On peut en voir une disposition fig. 2, pl. 4. Le cintrage se faisait alors à chaud sur un rouleau en fonte A terminé par deux tourillons pouvant tourner dans deux trous pratiqués aux extrémités de deux consoles en fer forgé, et solidement scellés dans un mur distant de la surface extérieure du rouleau d'environ 10 centimètres.

Entre ce rouleau et le mur on passait la feuille de tôle à cintrer, puis, au milieu de leviers en fer B, ayant leurs points fixes dans une charnière scellée aussi dans le mur, des hommes, agissant aux extrémités, soit avec des cordes, soit avec le poids de leur corps, faisaient fléchir la tôle et lui donnaient la forme qu'elle affecte dans la figure. Cela fait, on relevait les leviers, puis on faisait descendre la feuille d'une quantité suffisante, et on recommençait l'opération jusqu'à ce qu'elle fût à peu près ronde. Le cintrage s'achevait ensuite au marteau et à chaud sur des chevalets en fer d'une grande longueur, et analogues à ceux représentés dans les figures 1, 2, 3, 4, etc., pl. 1.

Quelques machines de ce genre existent encore chez

les petits chaudronniers ; mais chez les grands, on les a beaucoup modifiées.

Les figures 3 et 4, pl. 4, représentent en élévation et coupe transversale la machine à cintrer les tôles de M. Lemaître, chaudronnier à la Chapelle-Saint-Denis, destinée à cintrer les tôles à chaud.

A cet effet, elle se compose d'un cylindre en fonte A mobile, c'est-à-dire pouvant s'enlever facilement pour être remplacé par un autre dont le diamètre est différent.

Sur ce cylindre est appliquée une barre longitudinale en fer, pouvant être serrée contre lui au moyen d'un étrier et d'une vis placés à chacune de ses extrémités. C'est entre cette barre et le cylindre que se place la feuille de tôle à cintrer.

Au-dessous du cylindre est un rouleau en fonte B, pouvant tourner sur des axes dans des coussinets placés aux extrémités d'un châssis C, mobile verticalement au moyen des leviers D et des engrenages à crémaillères E.

Quand le cylindre A tourne et entraîne la feuille de tôle que tient serrée contre lui la barre dont nous avons parlé plus haut, on soulève, au moyen des leviers D, le rouleau B, de manière à ce que la distance au rouleau A ne soit pas plus grande que l'épaisseur de la tôle. De cette manière, la tôle est obligée de s'appliquer contre le rouleau A quand elle passe entre lui et le rouleau B, et par conséquent d'en prendre la forme intérieurement.

L'avantage de cette machine, c'est de donner, d'un seul tour, la forme à la feuille que l'on veut obtenir ; de plus, elle permet de faire toute la circonférence d'une seule pièce, ce qui n'est pas aussi facile avec les autres machines à cintrer.

Son seul inconvénient est d'exiger que le rouleau A ait exactement le même diamètre que le cylindre en tôle que l'on veut obtenir. Mais cet inconvénient est peu grave, si on observe que le nombre des diamètres différents qui satisfont à toutes les exigences des commandes est très-restreint.

Aussi considérons-nous cette machine comme fort ingénieuse; néanmoins, nous allons en décrire une autre qui est beaucoup plus simple, permet de cintrer les tôles à froid, et n'exige pas de changement de diamètre aux cylindres pour les différents diamètres des tôles à cintrer. Elle a été employée dans l'atelier de chaudronnerie de M. Cail et Cᵉ, situé à Grenelle.

Cette machine (pl. 4, fig. 12, 13, 14, 15) consiste en trois cylindres en fonte A, B, C, de diamètres égaux, lesquels sont de 0ᵐ.25 environ. Deux de ces cylindres, A et C, sont à une distance fixe l'un de l'autre, et reçoivent le mouvement de deux manivelles à bras, mues par deux ou quatre hommes, suivant le besoin; ils font le même nombre de tours dans le même temps, et, à cet effet, reçoivent le mouvement par des engrenages égaux.

Le troisième cylindre B est fou dans des coussinets adaptés à des supports situés aux extrémités de deux tiges verticales rondes D, D, d'un fort diamètre, et terminées inférieurement par deux vis.

En E, de chaque côté, sont deux pignons servant d'écrous aux vis des tiges D. Ces pignons sont maintenus en place par deux traverses en fonte F, F, situées au-dessus et au-dessous.

Le serrage des écrous-pignons se fait au moyen de vis sans fin, montées sur un même arbre G, et mis en mouvement par une manivelle H.

La feuille de tôle est introduite plane sur les deux cylindres A et C, le cylindre B étant assez élevé pour permettre cela.

Ensuite on tourne la manivelle de manière à faire descendre le cylindre B tangentiellement à la feuille, et à la plier légèrement.

Cela fait, on imprime aux deux cylindres A et C un mouvement de rotation, de manière à ce que la feuille parcoure tout l'espace compris entre eux, moins ce qu'il faut pour qu'elle reste toujours en contact avec eux.

On opère alors un nouveau serrage au moyen de la manivelle H, et on fait tourner les cylindres en sens contraire ; on continue ainsi jusqu'à ce que la tôle ait le cintre voulu.

Cette méthode est celle qui est le plus généralement adoptée aujourd'hui.

On cintre ainsi à froid des tôles puddlées de 10 à 12 millimètres d'épaisseur.

Aujourd'hui, comme en toute chose, le progrès a transformé ces sortes de machines. Nous en donnons une (fig. 34, 35, 36, 37, pl. 18) parfaitement bien combinée et construite dans les ateliers des forges et chantiers de l'Océan, de M. Mazeline et C°.

Comme on le voit à première vue, le rouleau supérieur est fixe, mais la position du rouleau inférieur et du rouleau latéral peut varier suivant la courbure à donner aux feuilles. Ce mouvement de rapprochement ou d'éloignement des rouleaux inférieurs, par rapport au rouleau fixe, a lieu par des vis v s'enga-

geant dans des pignons p qui leur servent d'écrous
fixes. Chacun de ces pignons est actionné par une vis
longitudinale f qui, faisant tourner d'une même quantité chacun des pignons situé sous l'extrémité de chaque rouleau, fait monter la vis V d'une même quantité de chaque côté. De sorte que l'axe de chaque
rouleau se meut ainsi parallèlement, car les vis v sont
attachées aux coussinets, où s'engagent les tourillons
des cylindres et qui coulissent dans les bâtis.

La longueur des cylindres, appelée *longueur de
table,* varie suivant la plus grande largeur des feuilles que l'on peut avoir besoin de cintrer.

Nous arrêterons là notre exposition sommaire des
outils, nous réservant de revenir sur certaines parti-
cularités inhérentes à chacun d'eux, au fur et à mesure que nous nous élèverons dans l'exposé du livre.

Nous appellerons, toutefois, l'attention sur les figures 7, 8, 9, 10, 11, pl. 3, qui indiquent des systèmes
de vérins à cliquets et hydrauliques, pour soulever de
lourds fardeaux, tels que grands réservoirs, chaudières, etc.

OBSERVATIONS COMPLÉMENTAIRES SUR L'EMPLOI DU TIRE-LIGNE, — DU COMPAS, — DE LA POINTE A TRACER, — DU POINTEAU, — DU CORDEAU, — DE LA LIME.

Emploi du tire-ligne.

Cet instrument, dont nous avons déjà parlé à propos du petit outillage, se compose d'une tige de fer
d'environ 1 mètre de longueur, et munie d'une pointe
recourbée à angle droit. A l'extrémité supérieure, un
crochet sert à suspendre la tige ; un morceau de

cuivre percé peut glisser le long de la tige de fer. Si
l'on voulait marquer la hauteur d'une plaque ou
celle des parois d'une chaudière conique, on prend
la mesure entre la pointe *c* et la pièce de cuivre mobile. On fait ensuite le tour, soit du bord inférieur,
soit du bord supérieur de la plaque ; au moyen de la
pointe du tire-ligne, on marque le tracé. Pendant
cette opération, il faut que la plaque soit maintenue
bien ferme et que les bords soient dressés parfaitement droits : le tire-ligne, pour faire des tracés sur
le cuivre, doit être en fer ; il sera, au contraire, en
cuivre pour tracer sur des feuilles de fer.

Emploi du compas.

Le compas est, avons-nous dit, à pointe sèche, à
mettre dedans, ou d'épaisseur, pl. 2, fig. 9.

Le premier sert aux tracés ; ses pointes aciérées
doivent être d'égale longueur et convenablement effi-
lées. L'action du pointeau suit généralement de près
le tracé du compas, tracé fort léger que le pointeau
doit accentuer par ses empreintes. Pour les tracés
circulaires, le point de centre doit préalablement être
établi par un coup de pointeau.

Le compas à mettre dedans, dit par corruption
maître de danse, sert à donner l'écartement des parois intérieures.

Le compas d'épaisseur, généralement à arc de cercle
gradué ou non et à vis d'arrêt, sert à prendre les dimensions extérieures des pièces.

Il faut avoir soin, en se servant de ces deux compas, de ne pas faire bander leurs branches quand on
mesure une pièce. Le frottement de ces branches sur

les parois opposées dont on veut l'écartement, doit
être aussi doux que possible, sans que toutefois il y
ait du jeu.

On se sert également, à la place des deux derniers
compas décrits, du *pied à coulisse*.

Emploi du pointeau.

On se sert du pointeau pour marquer le point de
centre au compas à pointe sèche ; on s'en sert aussi,
en accentuant davantage son action, quand il s'agit
d'indiquer des trous à percer, afin de bien centrer la
mèche ou le foret.

Enfin on s'en sert pour indiquer, par une ponctua-
tion rapprochée et légère, les tracés du compas ou de
la pointe, qui disparaîtraient sans cette précaution,
dans les manipulations que subit la pièce.

Emploi de la pointe à tracer.

La pointe à tracer, comme son nom l'indique, sert,
concurremment avec la règle et l'équerre, à tracer
des lignes droites que la plupart du temps le pointeau accentue. Pour que la trace de la pointe soit
visible, on a soin de passer préalablement sur la pièce
une couche de craie ou de sanguine humectée d'huile.

Emploi du cordeau.

On emploie le cordeau, en chaudronnerie, à la manière des charpentiers. Le cordeau est une ficelle dé-
liée, unie, bien cordonnée, s'enroulant sur une bobine. Lorsqu'on a des lignes à tracer sur des feuilles
d'une grande longueur, entre deux points déterminés,

deux personnes se placent chacune en un de ces points, et y appliquent le cordeau, de manière à ce qu'il soit bien tendu. Après quoi, l'une d'elles soulève la ficelle en l'étirant en quelque sorte, puis l'abandonne. Celle-ci revient alors à sa position normale et en frappant la surface de la feuille sur laquelle elle trace un trait apparent, car le cordeau a été préalablement enduit de poussière de blanc d'Espagne où de sanguine.

Nous ne reparlerons pas de la lime et de son emploi qui est très-peu fréquent en chaudronnerie proprement dite. Un ouvrier, même ordinaire, ne peut apprendre à limer sans connaître la position du corps devant l'étau, l'attitude et la position de l'avant-bras, par rapport à la surface à dresser, sur laquelle il faut toujours croiser les traits pour bien se rendre compte des points atteints par la lime. Il faut appuyer sur la lime, sans s'y coucher dessus, quand on la pousse. Par contre, il faut la ramener légèrement. La hauteur d'étau devrait varier, *à priori*, suivant la taille de l'ouvrier dont l'avant-bras, situé à la hauteur de la surface à dresser, devrait toujours être horizontal.

Nous nous sommes occupés des moyens et des outils que l'on emploie pour tracer, couper, dresser, etc.

Nous allons maintenant nous occuper des formes à donner aux pièces tracées et coupées, et des moyens de les réunir entre elles.

CHAPITRE III.

Des opérations de la chaudronnerie en cuivre.

—

§ 1. DE LA PREMIÈRE FAÇON A DONNER AUX VASES DE CUIVRE.

L'ouvrier emploie, pour cette opération, les marteaux que nous avons décrits plus haut, pl. 1, fig. 76, 77, 80. En commençant, il faut se servir de marteaux en bois ou maillets, afin de ne pas enlever de suite au cuivre sa malléabilité, et éviter par là de lui donner des chaudes trop fréquentes. Après la première chaude, on se sert du maillet, plus tard des marteaux en fer. Le vase qu'on travaille doit être couché sur du bois, afin que les coups de marteau ne laissent pas d'empreintes trop profondes : cette précaution est moins nécessaire quand on fait usage du maillet. Si le vase était couché sur une enclume, le marteau en fer laisserait des marques qu'il serait fort difficile, sinon impossible, de faire disparaître. En planant, il faut que le marteau tombe successivement et également sur toutes les parties du cuivre. Pour travailler un vase renflé au centre et déprimé à ses extrémités, il faut planer bien également en partant du centre et en remontant vers les extrémités ; si l'ouvrier était obligé de recommencer l'opération par une des extrémités, il faudrait avoir soin de ne pas donner une chaude entière, parce que, dans la suite de l'opération, il se formerait un pli au centre, s'il fallait chauffer fortement le cuivre. Suivant l'épaisseur du cuivre et l'extension qu'il doit prendre, les coups de marteau seront portés plus ou moins vigoureusement.

§ 2. DU RÉTREINT.

Pour rétreindre un vaisseau de cuivre, on fait usage des tasseaux ou chevalets, suivant la forme qu'il doit avoir. Cette opération exige que le vaisseau soit fixé solidement sur l'enclume, à quelque distance de la place où le marteau frappe. Cette distance dépend de la forme que doit prendre le cuivre.

Il faut que le marteau retombe successivement et également sur tout le tour du vaisseau, et que deux tours consécutifs se joignent bien.

Pour rétreindre un vaisseau d'une manière égale, on le fixe sur l'enclume au moyen d'une pièce de tôle circulaire que l'ouvrier attache à sa jambe gauche, ce qui lui permet de maintenir fortement la pièce pendant qu'il la rétreint sur sa circonférence.

Il doit éviter de laisser tomber son marteau plusieurs fois sur la même place ; il vaut mieux, à chaque coup de marteau, faire tourner tant soit peu le vaisseau. En laissant tomber son marteau trop souvent à la même place, il risque de la voir se bomber, en travaillant la place suivante, parce que le cuivre aura perdu de sa malléabilité. En outre, il est visible que c'est une perte de temps. A chaque tour on doit obtenir une surface bien planée, bien unie, ce qui a lieu seulement quand tous les coups de marteau ont porté bien également, sinon, au second tour, cette surface se déformera. C'est le seul moyen d'éviter les plis, les déchirures du cuivre, qui demandent ensuite à être cachés par la soudure, ce qui enlève à la pièce travaillée une grande partie de sa valeur.

Ordinairement on ne rétreint les cuivres minces qu'avec des maillets en bois, et après on leur donne une chaude. Si après plusieurs chaudes et après avoir été rétreint avec des maillets, le cuivre prend quelqu'épaisseur, on peut se servir des marteaux en fer et lui donner une nouvelle chaude. Il arrive souvent qu'un fond de chaudron, qui a été rétreint de cette manière, conserve encore un diamètre trop grand. Pour le diminuer, le chaudronnier tracera au compas un rond, représentant exactement le fond tel qu'il doit être. Il couchera alors le chaudron, sur la pointe d'une enclume, de manière à ce qu'il porte sur la ligne tracée; en rabattant le cuivre, à partir de ce tracé, il le refoulera dans les parois latérales.

Pour rétreindre le cuivre, il faut d'abord que l'ouvrier connaisse sa malléabilité, qui devra le guider pour les chaudes successives qu'il lui donnera plus tard.

Pour rétreindre un vaisseau de cuivre, on se sert de marteaux à panne droite, en bois, et de marteaux à panne de travers, en fer. La forme de ces marteaux ne diffère pas beaucoup, mais leur poids, leurs dimensions, dépendent de la grandeur de la pièce à exécuter.

S'il s'agissait de diminuer les dimensions d'un vase de cuivre ou d'aplatir le fond, on s'y prendrait de la manière suivante. On se sert ordinairement, pour cette opération, du battoir et du tasseau. Pour aplatir le fond d'un vase, on le couche sur le tasseau que l'ouvrier saura choisir convenable à son travail, parce que de sa forme dépendra la façon que le cuivre prendra. Le vase étant couché obliquement sur le tasseau, l'ouvrier abattra le cuivre, en partant des bords pour arriver au milieu du tasseau. Quand la chose est possible, on commence par le centre en arrivant par des tours concentriques jusqu'à la circonférence ; c'est donc au dernier tour qu'il refoule le cuivre. S'il partait de la circonférence pour arriver au centre, il lui faudrait beaucoup plus d'adresse pour abattre le cuivre sans y faire de plis.

Pour abattre les parois latérales, l'ouvrier marquera d'abord la hauteur qu'elles doivent avoir, au moyen du tire-ligne.

Son tracé une fois fait, il devra donner une chaude et rétreindre en allant du tracé au centre du fond, dans le cas seulement où la hauteur au-dessus du tracé ne sera pas trop considérable. Il s'ensuit que l'ouvrier doit connaître avant tout la hauteur qu'il donnera au vase ; il n'aura plus besoin ensuite de faire d'autres tracés. Quand la hauteur au-dessus du tracé est trop considérable pour être abattue après la première chaude, on abattra extérieurement le cuivre d'un seul tour à chaque chaude, puis on recommencera en partant du centre du fond jusqu'à ce que le vase soit arrivé à ses dimensions. Si le cuivre était trop épais pour être travaillé au maillet, l'ouvrier se servirait de marteaux en fer, ce qui arrive toujours quand on donne une seconde chaude. La panne du marteau doit être arrondie pour ne pas laisser de marques trop profondes.

§ 4. DU PLANAGE.

Le planage a pour but de donner de la régularité et de la raideur aux surfaces planes ou bombées.

C'est une opération importante, et c'est d'elle que dépendent l'apprêt et l'aspect du cuivre travaillé, qui présentera un beau poli, une surface régulière, si l'opération a été bien conduite. On plane avec les marteaux à panne droite sur des tasseaux ou des chevalets. Les fonds de chaudières sont plats ou bombés. Le tasseau employé à cette opération doit, à sa partie extrême, présenter une surface bien unie ; quand cette partie du tasseau est bombée, l'ouvrier qui tient la pièce doit toujours la faire porter sur la partie plane et unie du tasseau. Quand le bout du tasseau fait une forte saillie, l'ouvrier fait porter la pièce sur la surface inclinée.

Ordinairement on commence à planer en partant du centre du fond. Pour les fonds de grands appareils, alambics, réservoirs, chaudières, etc., il faut que le fond soit en même temps fortement maintenu et guidé par un aide ouvrier, parce qu'il est indispensable que la partie du fond qui reçoit l'action du marteau porte bien sur le plat du tasseau.

Comme nous l'avons déjà dit, on planera en s'éloignant du centre, portant également les coups de marteau suivant des cercles concentriques jusqu'à la circonférence qui marque les dimensions du fond. Le planage des grands fonds offre des difficultés, car ils se déjettent assez facilement. On plane ces fonds à grands coups de marteau ; il faut que ces coups se succèdent bien également ; si un coup tombait à côté de l'enclume, le cuivre pourrait se trouer. Le centre ou cœur doit être un peu en saillie, ce qu'on obtient par des coups de marteau plus vigoureux ou plus souvent répétés ; le centre bien plané, si le cuivre est de bonne qualité, le reste du travail ne présentera

pas de grandes difficultés. En approchant des bords
du fond, l'ouvrier donnera des coups de marteau
moins vigoureux, parce que le cuivre, ayant en cet
endroit moins d'épaisseur, serait étendu outre mesure.
Il est pour ce travail une foule de détails que nous
ne pouvons mentionner, et que la pratique fera saisir
à un ouvrier intelligent. Les fonds bombés sont plus
faciles à planer que les fonds plats. On plane ce fond
comme le précédent, en partant du centre ou cœur.
Si ce fond était très-bombé, on planerait de la circonférence au centre; on se servirait alors d'un chevalet dont la forme dépendrait des dimensions du
fond. Pour les grands fonds, les coups de marteau
doivent être moins rapprochés que pour les petits.
On se sert, pour planer, d'un marteau osculateur ou
martinet, que l'ouvrier saisit par le manche, près de
la masse, qui oscille autour d'un axe placé à l'autre
extrémité du manche.

Cette disposition a pour effet de diminuer la fatigue
de l'ouvrier, tout en se servant de gros marteaux.
Elle est surtout nécessaire lorsque, au lieu de se servir, pour façonner, de feuilles, on se sert de *billots*.

Les billots sont des plaques de cuivre très épaisses
que l'on martèle au martinet, en en mettant souvent
plusieurs les unes sur les autres, afin de les étirer et
de faire d'abord le fond de la pièce. On martèle ensuite chacune de ces pièces, préparées pour faire la
hausse.

Cette fabrication est plus coûteuse que celle qui se
fait avec les feuilles. Mais elle est plus rationnelle,
en ce qu'elle permet de donner au fond une plus
forte épaisseur qu'à la hausse, ce qui est préférable
à l'effet contraire que l'on obtient par le rétreint.

§ 5.   DE LA JONCTION DES PIÈCES.

Le chaudronnier réunit plusieurs pièces entre elles, de manières différentes, suivant la nature, la force du métal, et l'usage du véhicule qu'il doit fabriquer. Les procédés de jonction consistent dans la soudure, le sertissage et la clouure.

De la soudure.

Il y a deux espèces principales de soudures : la soudure d'étain et la soudure forte.

La *soudure d'étain* est un alliage d'étain ou de plomb, généralement par parties égales; pourtant, dans certains cas, la proportion varie suivant les liquides qui doivent être ultérieurement en contact avec la soudure, ou suivant la nature du métal à souder.

On applique la soudure d'étain au moyen de soudoirs, pl. 2, fig. 16, de formes et de grandeurs variables suivant les cas. La soudure est généralement coulée en petits blocs ou en baguettes.

La partie du soudoir qui doit appliquer la soudure est étamée à l'étain, soit avec le sel ammoniac, soit avec la colophane.

Nous allons indiquer le procédé qui semble préférable. Pour étamer le plat du soudoir, on le fait rougir, puis, au moyen de la lime, on enlève toutes ses aspérités. On saupoudre de sel ammoniac, et l'étain est appliqué avec un tampon d'étoupe, ou mieux encore, si l'on veut se servir d'étain commun, on en fait fondre une certaine quantité dans un vase étamé; on ajoute de la colophane en poudre, et on y passe le soudoir, jusqu'à ce que l'étamage s'y soit fixé. Dans ce dernier cas, le soudoir ne doit jamais être aussi chaud que si on l'étamait au sel ammoniac. Pour s'unir à l'étain, la surface du soudoir doit être bien décapée et nette de tous corps étrangers.

On procédera de la manière suivante pour réunir deux pièces de cuivre entre elles au moyen du soudoir. Il faut d'abord racler toutes les aspérités, puis saupoudrer de colophane les endroits raclés. Avec le soudoir porté au rouge, on fait fondre et on fixe une certaine quantité d'étain sur les parties qu'on veut souder, et on y passe le soudoir jusqu'à ce que ces parties soient échauffées et que tout l'étain soit entré en fusion. Une fois l'étain fixé, on rapproche les parties qu'on veut réunir et que l'on tient toujours sensiblement échauffées. On y fait couler dessus de la soudure que la chaleur du soudoir, communiquée à la pièce, fait pénétrer partout.

Il faut avoir soin de conduire le soudoir de manière à ce que la pénétration de la soudure soit la plus intime possible, mais sans qu'il y ait coulage. Quand on ne se tient pas en garde contre cet inconvénient, on peut obstruer des conduits qui doivent être libres.

Chaque fois que l'on retire le soudoir du feu, il faut bien l'essuyer, de même qu'en le remettant sur le brasier, il faut l'y asseoir, la panne en haut.

La soudure simple n'offre qu'une solidité équivalente à l'alliage dont elle est formée.

La *soudure forte* ou *brasure*, eu égard à la nature de son alliage, est beaucoup plus résistante, et lorsque son alliance avec les parties jointives est intime, on peut la considérer comme aussi résistante que le métal même.

Le chaudronnier s'en sert pour presque tous les tuyaux en cuivre, les vases composés de plusieurs parties qu'il doit chauffer, afin de leur rendre la malléabilité que le marteau leur a fait perdre. Quand on emploie la soudure forte, il faut nettoyer le cuivre au moyen d'un acide, le porter au rouge et le tremper dans l'eau fraîche; sur le cuivre humide et saupoudré de borax, on met la soudure forte : l'ouvrier arrose le tout pour faire entrer plus facilement le borax dans les joints. De la manière dont on répartit le borax dépend une fusion égale de la soudure, ce qui est un point important. Pour fixer le borax et la soudure sur le cuivre, on le met sur un petit feu de charbons. Toutes les parties étant bien sèches, on pousse le feu pour faire entrer la soudure en fusion. Avec un petit bâton on peut répartir la soudure d'une manière égale. Il faudra ensuite refroidir successivement, en les plongeant dans l'eau, les parties soudées. Il faut éviter toute secousse violente qui pourrait compromettre la solidité des soudures. Quand le chaudronnier n'a pas le temps de plonger son vase dans l'eau, il faut en refroidir les diverses parties en les mouillant avec précaution.

Avant d'appliquer la soudure, il faut réunir convenablement les différentes parties de la pièce.

Supposons que l'on ait à faire une casserole ronde affectant la forme d'un cylindre rond fermé à la base.

On prendra (pl. 2, fig. 31) une feuille de cuivre rectangulaire un peu plus grande que la surface du cylindre; sur le côté *a b*, on fera, au moyen de ciseaux, des incisions angulaires, dont les dimensions pourront varier suivant l'épaisseur du cuivre et les dimensions de la pièce qu'on veut fabriquer. On re-

lève à angle droit les parties I, I, I, et on les dresse,
ainsi que celles qui n'ont pas encore été relevées, sur
une enclume propre à cette opération, qui a pour but
de diminuer l'épaisseur du cuivre, afin qu'il n'y ait
pas empâtement une fois la soudure faite. On dimi-
nuera de même, par le martelage, le côté *c d* de la
feuille de cuivre qui n'a pas été incisé. On frotte ensuite de saumure les parties dressées, puis, après leur
avoir donné une chaude, on les refroidit dans l'eau.
Plus la pièce est rouge quand on la plonge dans l'eau,
plus sa surface est décapée. Le cuivre bien lavé et
séché, il s'agit de le plier, de réunir les côtés *a b* et
c d, ce qui se fait en laissant en dehors les parties relevées à angle droit, en les rabattant : si la pièce est
de grande dimension, il faudra maintenir avec des
crampons les côtés *a b*, *c d*.

Comme on le voit, les parties incisées du bord *a b*
se contrarient et sont placées alternativement en dehors et en dedans du côté *c d*. C'est au moyen du
maillet qu'on rabat ces parties, ayant soin de laisser
une place suffisante à la soudure ; c'est une condition
indispensable de solidité. Les côtés *a b*, *c d* étant soudés, on coupe bien exactement le côté qui doit être
soudé au fond, sans cependant diminuer la hauteur
que doit avoir la casserole, et on fait disparaître à la
lime toutes les aspérités laissées par la soudure. Le
chaudronnier ayant choisi un fond convenable, tant
pour l'épaisseur du cuivre que pour le diamètre qu'il
doit avoir, il tracera d'abord au compas le cercle qui
représente le fond du cylindre, puis un cercle plus
grand ; la différence de ces deux cercles, représentant
la hauteur des incisions qu'il doit pratiquer, comme
nous l'avons vu plus haut, on dressera bien vertica-

lement le cylindre sur le fond, et on les emboîtera en croisant alternativement les incisions : il ne reste plus alors qu'à souder.

Soudure forte jaune assez fusible.

Cuivre. 45
Zinc. 55

Soudure forte jaune moins fusible.

Cuivre. 55
Zinc. 43

Soudure forte demi-blanche.

Cuivre. 44
Zinc. 49
Etain. 3
Plomb. 1

Soudure blanche.

Cuivre. 56
Zinc. 27
Etain. 14

Les parties détachées par les incisions, et que l'on nomme *pinces*, affectent généralement la forme dite en *queue d'aronde*, lorsque, par suite de l'épaisseur du métal, elles s'agrafent avec les pinces du bord opposé, au lieu de se superposer : c'est ce qui se pratique pour les gros tuyaux à parois épaisses et qui ont à supporter une forte pression.

Quand les bords qu'on veut réunir sont minces et qu'on ne veut pas leur donner une chaude ni les allonger dans l'eau, on les dresse à la lime ou avec un marteau en fer sur l'enclume, si le métal a une certaine épaisseur. On aura soin de dresser les bords, l'un sur la face intérieure, l'autre sur la face extérieure, de manière qu'étant repliés, ils se superposent exactement. La plaque sera cintrée afin de faciliter les opérations ultérieures. On frotte les bords de saumure; on donne la chaude et on plonge dans l'eau : une fois secs, on y passe le racloir pour enlever les corps étrangers, les taches noires. Cette opération terminée, l'ouvrier achève de dresser son tuyau sur un des instruments représentés pl. 2, fig. 7, 8, évitant de laisser tomber son marteau plusieurs fois sur la même place, ce qui aurait pour effet de fatiguer et de percer le métal.

Il arrive souvent que, pendant le travail, les bords qu'on veut souder ne se trouvent plus parallèles à l'axe, ce qui gênerait ensuite beaucoup pour souder. Il faut alors redresser le tuyau, ce qui se fait en mettant une des extrémités du tuyau dans un étau, et tordant l'autre dans une direction opposée à celle du contournement qu'il a éprouvé. Aussitôt que le tuyau est redressé, l'ouvrier prend l'instrument représenté pl. 2, fig. 20. Cette lingotière est remplie de soudure forte; la quantité qu'on y met est calculée d'après la longueur du tuyau : on recouvre la soudure de borax et on l'arrose; on mouille extérieurement et intérieurement le tuyau sur la ligne de jonction, afin que le borax pénètre bien. Le tuyau doit être tourné de manière à ce que l'ouvrier puisse bien en voir l'intérieur. Cela fait, il glisse la lingotière dans le tuyau, qu'un aide tient par un des bouts. Quand la lingotière est entrée, il la retourne, et toute la soudure tombe sur la ligne de jonction; il faut frapper la lingotière pour que toute la soudure s'en détache. En la retirant, il faut la tenir élevée au-dessus de la soudure, afin qu'elle ne soit pas dérangée. Le feu est poussé activement, le tuyau est placé bien horizontalement sur les charbons. Afin que le borax ne s'écoule pas hors du tuyau, on ne l'amasse pas plus en une place qu'en une autre. On entretient le feu en lui donnant du vent avec l'éventail; il ne faut pas cependant que le borax sèche trop vite, sinon la soudure pourrait s'écailler. Le tuyau doit d'abord être bien sec, puis on donne un coup de feu à la place qu'on veut souder. A mesure que la soudure entre en fusion, l'aide fait avancer le tuyau sur le feu, et ainsi de suite jusqu'à la fin de l'opération.

Chaque chaudronnier, pour ses soudures, a des recettes qui varient. Le zinc, le cuivre, le plomb sont presque toujours les bases de ses alliages. On mêle ordinairement le cuivre et le laiton à parties égales, ou bien quatre parties de laiton, une de zinc. Le laiton ou le cuivre destinés à la soudure doivent être dans un assez grand état de division. On emploie des rognures de cuivre mince. Il faut, pour fondre ces métaux, un creuset d'assez grande capacité; on obtient ainsi une quantité de soudure plus considérable à la fois et plus homogène. Le creuset rempli est porté dans un fourneau (voyez fig. 21) et entouré de charbons qu'on attise de temps à autre avec une tige de fer recourbée (voyez pl. 2, fig. 21 *bis*). Le charbon est ainsi toujours bien tassé et il ne se fait pas de creux dans le foyer. Quand le métal est en fusion dans le creuset, on y verse du zinc qu'on a fait fondre à part; on recouvre ensuite ce creuset d'un couvercle percé d'un orifice, par lequel on introduit une tige de fer (fig. 22) pour brasser le mélange qu'on laisse un quart d'heure environ sur le feu. On a soin d'enlever avec une écumoire la cendre, le charbon qui pourraient se trouver à la surface du bain. On retire le creuset du fourneau en le saisissant avec les tenailles représentées pl. 1, fig. 34.

On pose le creuset dans le cercle de fer (pl. 2, fig. 20 *bis*), et on le renverse ensuite avec les tenailles (pl. 1, fig. 29). On doit verser le mélange aussi lentement que possible, pourvu, toutefois, qu'il n'ait pas le temps de refroidir. L'eau dans laquelle on verse la soudure est constamment agitée avec un balai; on amène ainsi la masse à un assez grand état de division. Pour profiter de la chaleur du fourneau, il est bon de recharger de suite le creuset et de faire plusieurs opérations successives. Quand on verse la soudure, il faut tenir, au-dessus de l'eau le creuset aussi haut que possible; il faut aussi que le balai plonge bien sous l'eau, afin que la soudure ne puisse s'y accrocher et donner par là un grain inégal. Pour amener la soudure à un état de division plus grand, quelques chaudronniers la broient. Si le fourneau (pl. 2, fig. 21) se trouve dans l'atelier même, il est bon d'y introduire de l'air par un canal amenant l'air du dehors sous le cendrier.

a est l'ouverture munie d'une porte.

b, la grille.

c, le cendrier muni d'une porte.

d, le foyer.

e, la grille.

g, canal amenant l'air, muni d'un registre pour régler le feu.

h, le creuset.

§ 7.   DE LA SOUDURE DU FER ET DE LA TÔLE.

On fait fondre dans une terrine un mélange de dix parties de borax et une de sel ammoniac ; la masse bien mêlée est versée sur une plaque de fer où elle se solidifie et prend un aspect vitreux. Pour en faire usage, on pulvérise ce mélange et on y ajoute un poids égal de borax et de sel ammoniac, ce dernier mélange n'ayant pas été fondu. On saupoudre ensuite avec ce mélange les pièces qu'on veut souder et qui préalablement ont été échauffées : le mélange entre en fusion, les pièces sont remises au feu, et on les martèle ensuite jusqu'à ce que la soudure soit faite.

Avant de souder la tôle, il faut qu'elle soit nettoyée et décapée. On humecte les surfaces qu'on veut souder d'une dissolution de sel ammoniac, et on les réunit par un fil de fer. Entre ces surfaces on introduit un mélange, à parties égales, de limaille de fonte de fer et de borax pulvérisé ; on ajoute l'eau nécessaire pour en faire une bouillie ; il faut chauffer la tôle jusqu'à ce que ce mastic entre en fusion.

§ 8.   DU SERTISSAGE OU JONCTION DES DIVERSES PARTIES EN PLIANT LES BORDS.

Le chaudronnier joint souvent les deux parties d'un vaisseau en les pliant, quand il ne veut pas se servir de clous ni de soudure.

Soit, par exemple, une cuve conique (pl. 2, fig. 36), employée en teinturerie et composée de cinq parties, *a*, *b*, *c*, *d*, *e*. Il faut, avant tout, que le chaudronnier trace une épure d'après laquelle il devra couper les feuilles de cuivre.

Il prendra d'abord lè diamètre du fond de la cuve et le diamètre de l'ouverture supérieure avec une équerre pliante.

Avec une bande de tôle mince ou un ruban inextensible, il fait un cercle ayant pour diamètre celui de la partie supérieure de la cuve; il développe ensuite ce cercle suivant une ligne droite, et en prend bien exactement le milieu avec un compas. Il trace sur le plancher de l'atelier une ligne droite $g\,h$ représentant en longueur la hauteur que doit avoir la cuve (voyez pl. 2, fig. 24). Il porte en g, à droite et à gauche, une ligne $g\,h$, $g\,i$, représentant la moitié de la bande de tôle. Il répète cette opération en k pour avoir le tracé du diamètre au fond de la cuve.

Il tire ensuite les lignes m et l qui lui donnent les côtés de la cuve. C'est d'après ce tracé qu'il coupe les feuilles de cuivre. Le fond de la cuve est fait ordinairement d'une plaque de cuivre qui doit sa forme au retreint. Sur cette plaque, l'ouvrier trace au compas le cercle représentant le fond de la cuve; les lignes parallèles à $l\,h$ donnent la largeur des autres feuilles de cuivre. Quand l'ouvrier a taillé toutes ses feuilles suivant la forme voulue (voyez pl. 2, fig. 25), il joint les bords droits au moyen de croisés et de soudure; la soudure est ensuite abattue, les aspérités disparaissent et la surface soudée reçoit le poli nécessaire. On donne ensuite aux parois latérales le cintrage nécessaire, on coupe les pointes, on enlève à la lime le tranchant et les bavures. Aussitôt que toutes les zônes de la cuve sont soudées et qu'on voit qu'elles peuvent bien s'emboîter les unes au-dessus des autres, on commence alors à faire le bord. Ce bord est déterminé en largeur au moyen du tire-ligne; cette largeur est ensuite rabattue jusqu'à ce qu'elle se couche à plat sur la surface unie de l'enclume. Cette opération se fait au maillet; ce maillet est indiqué pl. 2, fig. 26. Si le cuivre était trop épais, il faudrait se servir d'un marteau en fer : il faut que le bord d'une zône supérieure soit de moitié plus large que le bord inférieur, parce que le bord supérieur d'une zône doit s'emboîter avec le bord inférieur de l'autre qu'il doit recouvrir avant d'être rabattu avec lui sur la paroi.

Le bord supérieur de chaque zône est replié comme on le voit pl. 2, fig. 27. Sous l'angle formé par ce pli, on emboîte le bord inférieur de la zône qui surmonte (Voyez fig. 28).

Le bord le plus grand est replié sur le plus petit, et quand les deux bords sont bien couchés l'un sur l'autre, l'ouvrier, au moyen du battoir, abat le pli sur le tasseau. Il faut que les bords soient abattus bien également; sans cela, il se formerait des plis, des bourrelets d'un aspect désagréable : l'ouvrier s'évitera bien des embarras en dressant soigneusement ces bords avant de les emboîter. Pour donner plus de solidité à la cuve, on la cercle ordinairement à la partie supérieure : ce cercle peut être en cuivre ou en fer. Dans tous les cas, il faut le mettre à quelque distance du bord, afin qu'en rabattant le cuivre, le cercle se trouve recouvert.

§ 9. DE LA CLOUURE.

La *clouure* ou *rivure* varie, comme écartement et grosseur, des *clous* ou *rivets*, suivant l'épaisseur du métal et la pression qu'il doit supporter.

Nous reviendrons sur ce sujet, qui est un des plus intéressants de la chaudronnerie, nous bornant à donner, dès à présent, un aperçu de ce mode de jonction.

Soit (pl. 2, fig. 73-76) une chaudière de sucrerie dont toutes les parties doivent être assemblées par des rivets.

On prend d'abord des feuilles de cuivre correspondant à la hauteur et à la largeur de la chaudière, et on courbe chaque feuille d'après la forme que doit avoir la chaudière. Si cette chaudière doit avoir des bords évasés, il faut replier le cuivre avant de poser les rivets, parce que, plus tard, il faudrait chauffer à plusieurs reprises.

Si cependant ces bords étaient très-étroits, on pourrait les plier après la clouure. Dans ce cas, on ne donnerait qu'une seule chauffe.

Le bord étant fait, on marque la largeur du recouvrement sur la face intérieure de chaque feuille; puis, dans l'espace sur lequel les deux feuilles se touchent, on marque, au moyen d'un compas, le centre des trous qui recevront les rivets. Ce tracé varie suivant l'ouvrage qu'on veut faire; on prend, au moyen du compas, la distance qui doit exister entre deux rivets de centre en centre, et on la reporte sur la feuille de cuivre.

On perce les trous au moyen d'un perçoir. Les bavures qui viennent au bord de ce trou sont enlevées à la lime, puis on les rabat.

Le bord de la feuille qui doit recouvrir l'autre, et que l'on nomme *pince*, est taillé en biseau, afin de s'appliquer bien exactement à l'aide du *matoir*. On aura soin de porter les coups de lime de dehors en dedans.

On tracera, au moyen d'une ligne, la largeur que doit avoir le recouvrement sur la face intérieure pour la feuille de cuivre qui recouvre l'autre, et sur la face extérieure pour la feuille qui sera recouverte. L'ouvrier verra donc exactement de quelle quantité une feuille doit recouvrir l'autre, ces feuilles étant bien maintenues au moyen des sergents.

On percera d'abord trois trous, un au milieu, deux aux extrémités, et on y passera des rivets pour assujettir les feuilles; on desserre ensuite le sergent, on ajoute une autre feuille, on achève ainsi la bordure.

L'ouvrier perce ensuite tous les trous, pose les rivets, les chasse et les rive.

La figure 40, pl. 2, représente l'outil qu'on emploie pour chasser les rivets. Pendant qu'on rive, il faut qu'un aide tienne au côté opposé une enclume pour recevoir le contre-coup.

Quand la forme de la chaudière le permet, on abat les rivets sur l'instrument indiqué fig. 41, pl. 2. Tous les rivets attachés, on couche la chaudière sur l'enclume pour terminer l'opération.

On chasse les rivets avec un marteau à panne étroite. Si la panne de ce marteau était trop large, on pourrait écraser les rivets; on les couperait avec la panne d'un marteau trop étroit : c'est à l'ouvrier à garder un juste milieu.

On abat successivement chaque rivet ; la forme de ces rivets dépend beaucoup des dimensions des chaudières. Les parois latérales achevées, il faut les réunir au fond ; le bord qui doit être rivé au fond sera coupé droit, toutes les ébarbures disparaîtront.

A l'endroit du bord où se joignent les feuilles, on coupera l'angle d'une des feuilles, afin que l'épaisseur, en cet endroit, ne soit pas trop forte : la place où l'angle a été incisé sera abattue et bien dressée. Il faut limer au dehors le bord inférieur.

Intérieurement, et en partant du bord inférieur, on tracera un cercle qui indiquera la distance entre le fond et les rivets ; il faut que cette distance soit proportionnée à la grosseur des rivets, puisqu'il faut que les têtes des rivets ne soient pas trop éloignées du bord. Cette distance bien déterminée, l'ouvrier marquera sur le tracé la place de chaque rivet. Les trous sont percés de la manière que nous avons indiquée plus haut.

On enlève les bavures à la lime comme précédemment. Le fond a été préparé et plané intérieurement ; on trace sur le fond une ligne suivant laquelle la bordure doit s'emboîter sur le fond ; on place d'abord quelques rivets pour maintenir le tout en place, ayant soin d'éviter les dérangements ; le reste de l'opération n'offre rien de bien particulier. Dans le cas où l'ouvrier ne pourrait se servir de ses mains pour emboîter le fond et les côtés de la chaudière, il aurait recours à la méthode suivante. Il fixerait, sur le bord supérieur de la chaudière, un crochet portant une chaîne proportionnée à la longueur de la chaudière.

Le dernier chaînon porte un levier qu'on place au-dessous du fond ; en pesant à l'extrémité opposée du levier, l'ouvrier fait emboîter le fond et les parois latérales. Pour faciliter cette opération, un autre ouvrier frappe à coups de marteau le fond sur ses bords, ou les bords des parois latérales. Quand l'emboîtement est bien fait, on peut percer les trous et chasser les rivets.

On donne ensuite au bord supérieur une forme convenable, en le dressant sur l'enclume.

Souvent les chaudières sont munies de robinets; nous verrons, dans le chapitre suivant, les soins que comporte la pose de ces accessoires.

CHAPITRE IV.

Des divers produits de la chaudronnerie de cuivre.

§ 1. DU ROBINET.

Le robinet s'attache aujourd'hui, le plus généralement par des brides, aux corps des chaudières et aux tuyaux.

Nous ne nous y arrêterons donc pas.

§ 2. DU SERPENTIN.

Nous supposerons les tuyaux soudés, et nous examinerons comment on parvient à les cintrer et à les souder les uns aux autres.

On place le tuyau sur un mandrin, pour plus de commodité; la soudure est tournée vers le haut, afin que l'excès puisse en être enlevé au moyen de la lime.

Avant de lui donner une chaude, il faut que le tuyau soit dressé bien rond sur le mandrin, au moyen du battoir, pl. 2, fig. 43.

L'ouvrier fait ensuite fondre dans une poêle de fer, 50 parties de résine auxquelles il ajoute 60 parties de sable fin passé au tamis et 10 parties de noir animal fin, briques sèches pilées.

Il a soin de ne pas trop pousser le feu quand la résine se fond, parce qu'elle pourrait prendre feu. Pendant que la résine entre en fusion, le chaudronnier prépare les bouchons nécessaires pour boucher les tuyaux qui doivent être remplis de résine.

Ces bouchons se font ordinairement en bois, coniques, et d'un diamètre moyen égal au diamètre intérieur des tubes.

Le tuyau étant bouché à une de ses extrémités, on y verse de la résine au moyen d'une cuiller. Il faut se tenir en garde contre les jaillissements dangereux que produit la résine au contact de parois humides. Le tube, avant de recevoir la résine, doit être préalablement très-bien séché, et il doit même, pendant le remplissage, être tenu à une température convenable pour qu'il ne se produise pas des retraits dans la masse.

Le mastic de remplissage des tubes n'est pas toujours celui que nous venons d'indiquer. Suivant le métal, le rayon de courbure, on emploie un alliage métallique fusible, ou simplement du sable fin bien sec.

Le tube étant bien rempli, bouché à l'autre extrémité, et râclé au dehors, l'ouvrier trace sur une planche l'épure de son serpentin, ce qui se fait au compas, si toutes les parties du serpentin doivent être égales ; mais si les parties supérieures ont plus de largeur que les parties inférieures, il faudra faire une épure à part pour chacune de ces parties, en traçant d'abord le cercle le plus large, puis le plus étroit, et ensuite les cercles intermédiaires, ayant soin de les diminuer d'une quantité égale. On pose ensuite les tuyaux sur deux billes en bois, qui sont arrondies afin de ne pas donner de fosses au tuyau, qu'un ouvrier tient pendant qu'un autre le cintre, en le frappant avec un marteau de bois ou de plomb, suivant que l'épaisseur du tuyau est plus ou moins considérable. L'ouvrier ne doit pas cintrer brusquement, pour éviter les déchirures du cuivre. Il portera successivement les coups de marteau d'un bout du tuyau à l'autre, en faisant avancer successivement le tuyau à mesure que le marteau tombe ; d'ordinaire il arrive qu'à chacun des bouts, une partie du tuyau n'est pas cintrée. Il faut ensuite faire disparaître les fosses qui auraient pu venir au tuyau pendant le cintrage. On se sert pour cela d'un marteau dont le plat est un peu bombé, tandis que, pour planer la partie intérieure du tuyau cintré, il faut un marteau dont le plat soit bien lisse. Cette opération terminée, l'ouvrier met le tuyau sur son gabarit, pour voir s'il n'est pas déformé. On fait sauter au ciseau les bouchons de bois, pour dresser les extrémités du tuyau.

On met ensuite l'un des bouts du tuyau dans le feu, et on le chauffe assez pour que la poix fonde et puisse s'écouler ; on chauffe ainsi successivement le tuyau d'un bout à l'autre. On peut encore poser le tuyau sur des charbons dans toute sa longueur. Il faut faire observer cependant que c'est par un des bouts que la résine doit fondre et s'écouler, car si elle entrait d'abord en fusion dans le milieu du tuyau, ne pouvant s'échapper, elle tendrait à le faire crever; il faut donc pousser d'abord le feu aux extrémités. En portant au rouge le tuyau vide, on le débarrasse des parties de résine qui pourraient encore y adhérer. Il s'agit après cela d'emboîter les tuyaux les uns dans les autres.

Au moyen du marteau, on évase le bout du tuyau dans lequel le tuyau suivant doit être mis : ce dernier est rétréci à son extrémité, de manière à entrer dans l'autre à frottement. Ces tuyaux étant ajustés, on les chauffe, et on les plonge dans l'eau.

Si l'on voulait souder ces tuyaux à l'étain, il faudrait les laver et les étamer. On connaît deux procédés pour souder les serpentins à la soudure d'étain. Dans le premier procédé, on se sert du soudoir dont l'emploi est bien connu. Dans le second, on peut employer l'étain d'une qualité inférieure, en se servant d'une plaque appelée *la culotte* : cette plaque, qui, en se repliant, doit bien embrasser la circonférence du tuyau, reçoit, par sa partie supérieure, l'étain qu'on y verse avec une cuiller. Le bout du tuyau qui doit recevoir l'autre est étamé intérieurement et extérieurement, afin que la soudure prenne bien; entre le tuyau et la culotte on fourre de l'étoupe imprégnée d'eau dans laquelle on a délayé de la terre grasse. La culotte étant placée sur les tuyaux, ils sont maintenus à un écartement constant par une tige de fer qui les empêche de changer de place quand on les soude.

Les tuyaux étant fixés comme on le voit pl. 2, fig. 59, pour chauffer la place du tuyau qu'on veut souder, on se sert d'un fourneau en fer, hémisphérique, percé d'un trou par où passe le tuyau; d'autres trous plus

petits sont percés sur les côtés et la base de ce fourneau, afin qu'un courant d'air active la combustion :
quand on est arrivé au point de chauffe voulu, ce
qu'on reconnaît au moyen de la fusion d'un petit
morceau d'étain, on verse alors dans la culotte l'étain
fondu : tant que dure l'opération, et que la soudure
n'est pas complétement froide, il faut éviter de déranger le serpentin : une fois la soudure faite, il faut
éteindre le feu, ce qui se fait en y versant de l'eau
avec un vase à long bec, afin que l'eau ne jaillisse
pas sur les soudures. Quand la place soudée est entièrement refroidie, on soude un second, un troisième
tuyau, et ainsi de suite jusqu'à la fin : bien entendu
qu'entre deux cercles consécutifs, il faudra placer un
billot d'une hauteur égale à la distance qui doit exister
entre ces deux cercles.

Le serpentin une fois achevé, ces billots sont rem-
placés par des chevalets en cuivre qui maintiennent
un écartement voulu entre les cercles du serpentin.
Pour cela, on prend une bande de cuivre de 6 à 8
centimètres de largeur, et d'une longueur telle qu'elle
puisse envelopper les tuyaux : l'un des bouts de cette
bande est plié autour du premier tuyau, de manière à
pouvoir se rattacher en dessous au chevalet; l'autre
bout descend le long du serpentin, en embrassant
chacun des tuyaux sur une demi-circonférence : on
dresse la bande contre chaque tuyau avec un marteau
en bois, après avoir enveloppé complétement le tuyau
inférieur, la bande remonte le long du serpentin, en
s'appliquant encore contre les tuyaux suivant un
demi-cercle. Les extrémités des bandes sont fixées
au moyen de clouures, ainsi que les parties intermédiaires.

Pour souder à la soudure forte, l'opération se fait de la manière suivante : avant tout, il faut que les bouts des tuyaux à souder soient parfaitement dressés, de manière à ce que la partie extérieure du second tuyau coïncide entièrement avec la partie intérieure du premier. On fait venir au bout qui emboîte l'autre un petit rebord, d'abord pour y loger la soudure, ensuite pour que la portion du tuyau qui doit être soudée ait plus de solidité.

On décape les deux bouts, on leur donne une chaude et on les plonge dans l'eau, afin de leur donner la malléabilité nécessaire pour les emboîter. Les tuyaux, une fois emboîtés, doivent être fixés solidement au moyen d'une tige de fer, et calés avec des pierres pour les maintenir dans une position verticale.

La figure 59, pl. 2, indique la position que les tuyaux doivent garder pendant l'opération : on fait entrer le tuyau à souder dans le fourneau hémisphérique dont nous avons déjà parlé. La portion qu'on veut souder est garnie de soudure forte et de borax.

On humecte la soudure et le borax, on met la braise dans le fourneau ; avec l'éventail on active le feu, qu'on pousse graduellement jusqu'à ce que le borax et la soudure soient fondus : le fourneau est placé de telle sorte que la portion à souder soit bien couverte de braise par-dessus et par-dessous ; il faut cependant laisser une ouverture pour que l'ouvrier puisse saisir le moment où la soudure entre en fusion. A ce point, il faut ralentir le feu en y versant de l'eau, sinon le tuyau s'échauffant trop, la soudure pourrait se faire jour au travers. L'ouvrier enlève ensuite la braise, ayant soin de ne déranger les tuyaux que lorsqu'ils sont complétement refroidis.

§ 3.　DU CHAUDRON.

On fait les chaudrons avec des pièces de cuivre qui ont reçu en fabrique une première façon.

Le chaudronnier commence à dresser son cuivre bien rond ; le cuivre est ensuite exactement coupé sur ses bords. On enlève le tranchant et les bavures à la lime, afin que les bords ne se déchirent pas quand on viendra à les plier.

A moyen d'un tire-ligne, on marque ensuite, à partir du bord, la bande de cuivre nécessaire pour recouvrir le cordon qui doit maintenir les bords. Cette bande doit avoir en largeur deux fois et demie à trois fois le diamètre du cordon, et elle doit être rabattue autour du cordon sur un billot au moyen d'un marteau à traverse. Cette opération n'offre aucune difficulté quand la bande de cuivre a 25 à 30 millimètres de largeur, à partir du bord du chaudron. En mesurant la circonférence du chaudron avec une ficelle, on aura de suite la longueur que doit avoir le cordon. Ce cordon doit être bien rond et uni ; ses bouts seront limés et laissés en biseau, afin qu'ils se recouvrent bien. On tient le cordon contre le chaudron avec des tenailles, et on rabat autour de lui la bande de cuivre, non pas tout d'un coup, mais place par place. Quand le bord a été replié sur le cordon, on met sur l'enclume le dessous du cordon, de manière à ce qu'il porte sur l'angle de cette enclume. On continue à marteler plus ferme pour serrer le bord replié contre le cordon.

Au moyen du marteau à replier, on fait entrer le bord replié entre le chaudron et le cordon au moyen d'une cannelure creusée dans le bois, ou mieux encore dans un morceau de plomb, cannelure qui doit avoir l'épaisseur du cordon recouvert du bord replié; on fait disparaître les inégalités. Les opérations suivantes dépendent de la forme que doit avoir le chaudron. Si à sa partie supérieure il doit être rabattu, pour former un bord plat, on s'y prendra de cette manière : sur la paroi extérieure au-dessous du cordon, on trace un cercle à une distance de 100 ou 150 millimètres. On porte ce cercle intérieurement : on a ainsi une bande de cuivre qui doit être rabattue et qui représente la largeur du bord. Pour rabattre cette bande, on rétreint le cuivre à partir du tracé jusqu'au cordon. Le chaudronnier donne ensuite au fond la forme qu'il doit avoir.

Au joint rond du fond, on martèle, en faisant le tour du chaudron, avec un marteau en fer dont la panne est polie. Le fond et les parois se planent de la manière ordinaire : une fois ce travail achevé, on tire encore le bord et on le martèle.

Quand le chaudron n'a pas de rebord plat et n'est entouré simplement à sa partie supérieure que d'un cordon, on procède ainsi : on trace sur le chaudron un cercle à 80 millimètres au-dessous du cordon; en partant de ce cercle, l'ouvrier plane le cuivre circulairement de dedans en dehors, de manière que la partie supérieure, celle qui se trouve près du cordon, ait une largeur égale à son diamètre. Après que les parois ont reçu l'apprêt et le poli nécessaires, l'ouvrier travaille le fond. On donne le poli avec un marteau à panne droite dont les angles sont arrondis. On place extérieurement les anses, ayant soin qu'elles soient bien en regard, car c'est de là que dépend l'équilibre quand on soulève le chaudron. On les attache au chaudron au moyen d'oreilles fixées sur les parois extérieures avec trois rivets. Les trous pour ces rivets sont percés de dedans en dehors.

On passe d'abord un rivet, on dresse bien droit les oreilles, puis on chasse les deux autres rivets. Au lieu d'anses, on met souvent trois crochets au chaudron. On en fixe d'abord la hauteur au-dessous du bord ; puis, avec une ficelle, en partageant le tour du chaudron en trois parties égales, on détermine la distance qu'ils auront entre eux d'axe en axe. On fixe les crochets de la même manière que les anses, au moyen de rivets.

§ 4. DE LA CAFETIÈRE.

La cafetière peut se faire avec des bordures ou des plats. L'ouvrier taille d'abord la bordure de la grandeur nécessaire ; il pratique des incisions sur les bords opposés. Ces bords sont bien ajustés, frottés de saumure et plongés dans l'eau, après avoir reçu une chaude. Ils sont ensuite brassés. La soudure est limée et abattue, et le cuivre reçoit encore une autre chaude. La bordure est dressée bien ronde et coupée exactement. A la partie supérieure de la bordure, on trace une ligne parallèle au bord, à une distance d'un tiers environ de la hauteur totale de la bordure. C'est à partir de cette ligne que l'ouvrier commence à donner à la bordure un diamètre moindre en rétrécissant au marteau. Il est important qu'à partir de cette ligne, le cuivre et la soudure n'offrent pas de défauts ; il faut d'abord employer le marteau à panne droite, puis le

marteau à panne en travers. A mesure que le rétrécissement avance, l'ouvrier donne au cuivre des chaudes successives jusqu'à ce qu'il soit arrivé au rétrécissement voulu. A chaque chaude, l'ouvrier doit rétré-
cir à des distances toujours plus éloignées de la ligne
de départ. Il faut ensuite faire le col de la cafetière.
L'ouvrier ne donne pas une chaude entière et laisse,
sans la travailler, la place que le col doit occuper. On
dresse le col sur un bigorneau. A la jonction du col,
on martèle un tour avec un marteau à panne en travers; par là le col est étendu et redressé.

A l'endroit où le fond doit se joindre à la bordure,
on rétrécit une zône plus ou moins large, suivant l'extension que peut prendre le cuivre. On frotte ensuite
le cuivre de saumure, et on le plonge de nouveau dans
l'eau après qu'il a reçu une chaude. L'ouvrier martèle la partie renflée au-dessous du rétrécissement.
Le fond qui doit être adapté à la bordure est coupé
d'après le diamètre que présente celle-ci à sa partie
inférieure : la pièce de cuivre destinée à former le
fond est mise sur une surface bien unie; on pose
dessus la bordure, puis en dedans et en suivant
exactement le contour, on trace la circonférence du
fond. Il faut pour cela se servir d'une pointe bien
affilée.

La circonférence tracée, on en trouve le centre facilement et on retrace une nouvelle circonférence plus
régulière sur la première, puis une autre avec une
ouverture plus grande de compas. L'espace compris
entre ces deux circonférences doit être entaillé pour
la soudure. On relève alternativement les incisions,
comme nous l'avons vu déjà; on les frotte de saumure, on leur donne une chaude et on les plonge dans

l'eau : la même opération se pratique pour la partie inférieure de la bordure, celle qui doit recevoir le fond.

Le chaudronnier dresse bien rond sa bordure, en lui donnant le diamètre du fond; puis il emboîte le fond et la bordure en rabattant les incisions : le fond doit toujours être un peu bombé en dehors, afin qu'il conserve plus de tension et que les incisions ne puissent se déplacer pendant qu'on soude. On met ensuite du borax et de la soudure forte à la jonction de la bordure et du fond, et l'opération se continue de la manière ordinaire. L'ouvrier donne ensuite du bombement, à la partie soudée, sur une enclume ronde, la dresse avec un battoir et la lime. On abat la partie soudée sur une enclume ronde, ayant soin d'humecter cette partie intérieurement et extérieurement, afin que le borax se détache mieux. Si la partie soudée séchait pendant l'opération, il faudrait humecter de nouveau. Ayant abattu la place soudée, on frotte la cafetière de saumure, on lui donne une chauffe et on la plonge dans l'eau; partant alors du centre, on trace une circonférence pour déterminer les dimensions définitives du fond; on part de là pour donner à la cafetière la forme qu'elle doit avoir. L'ouvrier martèle ensuite la cafetière, lui donne une chaude et la plonge dans l'eau. On martèle ordinairement en allant du fond au col de la cafetière; le col doit être martelé de manière à ce que, sur sa hauteur, il soit partout d'égales dimensions. On fait ensuite disparaître le tranchant et les bavures à la partie supérieure du col. Toutes ces opérations une fois terminées, le chaudronnier prépare les pièces accessoires, couvercle, anse, bec, etc.

Le couvercle se fait de la manière suivante. On trace au compas, sur une plaque de cuivre, un cercle d'une section égale à celle du col; tout autour de ce cercle, on laisse une bande de cuivre égale en largeur à la hauteur du col; suivant le tracé, on coupe dans le cuivre le disque qui doit servir de couvercle. Il est rétréci sur sa portion qui correspond à la hauteur du col : quand le couvercle s'adapte bien au col, il est frotté de saumure, chauffé et plongé dans l'eau : on répète encore cette opération après l'avoir martelé. Après, on pose le couvercle sur la cafetière et extérieurement; on trace sur le couvercle deux nouveaux cercles, l'un qui représente l'ouverture de la cafetière, l'autre qui forme le filet qui entoure ordinairement le couvercle. On place sur un bigorneau dont le plat n'est pas trop étroit le couvercle sur sa face intérieure, laissant déborder les parties extrêmes. On rétrécit, avec un petit marteau à panne en travers, la portion circulaire qui doit servir de filet. Pour donner un coup sûr, égal, il faut que l'ouvrier tienne l'avant-bras serré contre le corps. Pour plus de commodité, on rive au centre du couvercle un petit bouton de laiton.

Pour faire le bec de la cafetière, on coupe, dans une plaque de cuivre d'une épaisseur moyenne, une pièce dont la forme est représentée pl. 2, fig. 77. On se sert pour cela d'un petit patron de cuivre mince ou de papier qu'on applique sur la plaque qu'on veut découper. On lime cette pièce découpée sur ses bords pour faire disparaître le tranchant et les bavures. Pour courber cette petite pièce, on se servira d'un maillet aux points *a* et *a*, d'un marteau à panne en travers aux points *b*, *b*.

Chaudronnier.   9

La figure 78, pl. 2, indique la forme que prend la pièce après cette opération.

Pour que la place à souder ne soit pas trop épaisse, il faut diminuer le cuivre sur ses bords. L'ouvrier frotte la pièce de saumure, la chauffe et la plonge dans l'eau.

Il la dresse après bien ronde ; les bords de la pièce repliée doivent se recouvrir. Une fois que la pièce a la forme indiquée pl. 2, fig. 71, on soude les bords à la manière ordinaire, avec de la soudure forte et du borax ; le bec soudé est dressé bien rond, la portion *a* est rétrécie jusqu'à ce qu'elle ait la forme du bec en *b*.

L'ouvrier rétrécit de manière à diminuer le renflement. On chauffe, puis, après avoir mis en *a* un bouchon de papier, on enfonce cette extrémité dans le sable, et on remplit le bec de plomb fondu ; avec un maillet, une fois le plomb refroidi, on cintre le bec suivant la courbe voulue.

On cintre le bec sur un bloc de plomb arrondi, fixé dans un billot ou entre les mâchoires d'un étau.

Le bec prend la forme indiquée pl. 2, fig. 74. Le bec se crèverait si l'ouvrier portait ses coups de marteau sans précaution : il faut que la courbe vienne peu à peu et sans effort brusque. Il faut aussi que le bec ne soit pas comprimé suivant la ligne de jonction. En abattant la soudure, l'ouvrier ne doit pas porter de coups de lime trop profonds, sans quoi il pourrait entamer le cuivre.

Quand le bec a la forme décrite, il faut le dresser bien rond et, en martelant sur une enclume, diminuer les portions qui sont devenues trop larges par suite du cintrage. Il faut ensuite, avec des marteaux convenables, marteler bien également le bec sur toute sa longueur. Cette opération terminée, l'ouvrier doit faire attention à ce que le bec ne soit pas oblique, ce dont il s'aperçoit facilement. Si cela a lieu, il faut alors redresser le bec avant de faire fondre le plomb : après, ce redressement serait impossible. Une fois que le bec est dans les conditions voulues, on fait fondre le plomb.

Pour cela, on recouvre le bec de charbons incandescents, en activant la combustion avec un éventail jusqu'à ce que le plomb entre en fusion et s'écoule du bec que l'on saisit avec des tenailles, et, en le frappant doucement sur une pierre, on en fait sortir l'écume de plomb qui peut rester attachée à l'intérieur.

Pour enlever les dernières traces de plomb, on passe dans le bec une tige de fer recourbée : cette précaution est indispensable, parce que, pendant la chaude, la crasse de plomb qui serait restée corroderait le cuivre. Le bec étant nettoyé, son extrémité est coupée bien juste et limée. On pose ensuite à son extrémité un petit ajutage qui se fait d'un morceau de cuivre assez épais, et de la forme qu'on voit, pl. 2, fig. 75, et qu'on fixe à l'extrémité du bec avec un fil mince ; on le dresse bien, et on le soude avec de la soudure forte et du borax.

Pendant cette opération, on bouche l'ajutage avec un petit tampon de bois, pour que la soudure et le borax en fusion ne pénètrent pas dans le bec. Quand même ce tampon viendrait à brûler, la cendre boucherait l'ouverture. Quand l'ajutage est soudé, on enlève à la lime l'excès de soudure, on frotte la pièce de saumure, on la chauffe, puis on la refroidit dans

l'eau, après quoi l'ouvrier martèle la partie inférieure
du bec qui est renflée. Cette opération terminée, il
faut une nouvelle chaude, puis la partie renflée est
martelée en blanc, bien coupée sur les bords, décapée et enfin étamée.

L'ouvrier taille ensuite un morceau de cuivre circulaire pour faire le clapet qui doit fermer l'ouverture supérieure du bec. Ce clapet se fixe sur l'ajutage
au moyen d'une charnière, dans laquelle on passe
un fil de fer qu'on rive à ses extrémités : pour plus
de solidité, quand on attache le bec à la cafetière, il
faut évaser les bords du renflement à la partie inférieure.

Ce bec ou tuyau est attaché à la cafetière par une
soudure à l'étain et à la colophane ; le renflement
inférieur du bec s'applique contre la paroi intérieure
de la cafetière, et, pour plus de solidité, un petit
rebord est rabattu extérieurement à l'ouverture pratiquée dans la cafetière, pour recevoir le bec. Il faut
prendre garde en soudant cette partie, que l'étain
fondu n'entre pas dans le bec qu'il pourrait obstruer ;
il faut le boucher avec un petit morceau de feutre
pendant l'opération. Cette précaution n'est pas indispensable, si on applique la soudure place par place ;
il suffit, en soudant, de tenir la cafetière obliquement.
Après avoir soudé, on lave la cafetière avec de l'eau ;
si on emploie du vitriol, il faut éviter qu'il touche la
place étamée.

§ 5. ALAMBIC.

Aussitôt que le diamètre à donner au fond de l'a-
lambic est déterminé, il faut le dresser et le planer.
L'ouvrier fait disparaître, à la lime ou au ciseau, les

gerçures qui pourraient se trouver sur les bords, parce qu'à mesure que le fond s'étend, ces gerçures augmenteraient et arriveraient jusqu'au joint. Il faut dresser le fond de l'alambic de manière à ce qu'il reste rond et ne se déjette pas.

La figure 79, pl. 2, représente trois ouvriers occupés à dresser le fond d'un grand alambic.

Ce fond offre plus de résistance quand on lui donne une forme bombée. (Voyez pl. 2, fig. 72, en *b*.)

§ 6.   DES BASSINES.

Le fond de ces bassines ou chaudières carrées, à fond plat, se fait de plusieurs plaques, réunies ensemble au moyen de clouures. Ces plaques sont préparées d'avance à la forge; les trous qui doivent recevoir les rivets étant percés, chaque plaque est planée à part après avoir reçu la chaude, ce qui lui donne plus de malléabilité.

Le chaudronnier forge lui-même le bord des plaques formant les parois latérales de la bassine.

On voit, pl. 2, fig. 73, la manière dont les plaques sont réunies. Pour que la jonction des différentes parties soit solide, l'ouvrier doit croiser ses rivets et les placer à des distances bien égales.

Le fond terminé, l'ouvrier travaille le dessus d'après les principes que nous avons déjà donnés, en lui donnant partout un cintrage bien égal, et en ayant soin que les bords de l'ouverture *a* aïllent un peu en s'évasant : le fond et le dessus étant planés et dressés, on joint les feuilles qui forment les parois au moyen de rivets. Nous nommons bordure la partie comprise entre la partie plane et les joints. On attache

d'abord le fond aux bordures, le dessus vient ensuite :
quand le fond doit recevoir un robinet, on l'y fixe
d'abord avant de le réunir aux bordures.

En outre des procédés que nous venons d'indiquer
pour obtenir certains produits de la chaudronnerie
de cuivre, il en existe un qui a pris, dans ces dernières années, une certaine extension, et qui consiste
à obtenir des formes variées, mais circulaires, à l'aide
du tour.

Ce procédé ne s'applique évidemment qu'à des
feuilles assez minces et à des vaisseaux de dimensions
ordinaires.

Nous donnons, pl. 6, fig. 53, 54, 57, un *pot à colle*
d'une construction spéciale, bien supérieur au pot à
colle ordinaire fabriqué jusqu'à ce jour, et qui est
obtenu au tour.

Ce petit appareil est représenté tout monté fig. 57,
et se compose de trois pièces distinctes : le pot proprement dit, *c*, où se met la colle à fondre, et indiqué
en ponctué, fig. 53 ; le corps du pot ou bain-marie *a*,
Enfin le *trépied b*, figuré séparément, qui supporte
les deux récipients ci-dessus, et est muni d'une anse
mobile (fig. 54).

Le pot *c* s'emboîte librement dans le bain-marie
contenant l'eau qui doit chauffer la colle. Son rebord
repose sur le rebord même du bain-marie à sa partie
supérieure. Chacun de ces rebords est consolidé à la
manière ordinaire par un fil de fer.

Le pot proprement dit est formé d'un seul morceau *repoussé* au tour.

Cette opération se fait en appliquant la feuille à
repousser contre le plateau du tour, à l'aide d'un
mandrin fortement serré sur sa partie centrale. Le

tour étant mis en mouvement à une assez grande vi-
tesse, on appuie avec un polissoir sur la surface de
la feuille qui regarde celle du plateau. Cette feuille
tend ainsi à prendre insensiblement la forme conique
de révolution, et si la 'pression de la plane est convenablement réglée, le cuivre se rétreint bien plus rapidement et aussi uniformément que par le martelage
ou emboutissage.

Le vase *a* est obtenu de la même manière que le
pot à colle. Il est composé de deux parties également
repoussées. La partie inférieure affecte la forme sphérique. La partie supérieure continue cette même
forme, mais pour être bientôt ouverte et évasée pour
recevoir le pot à colle, nouvelle forme que le repous-
sage permet d'obtenir très-aisément.

La jonction de ces deux pièces est faite par le procédé de *pliage* des bords ou *sertissage* dont nous avons
déjà parlé. Elle se fait également et parfaitement
bien à l'aide du tour.

Ce mode de sertissage *étanche* et sans soudure est
très-avantageux dans bien des cas, et principalement
dans celui qui nous occupe, où il forme un rebord
qui s'appuie sur le trépied. Il suit de là que le corps
du pot à colle ne comporte aucune rivure et que sa
durée est bien plus grande. En effet, non seulement
les rivures affaiblissent le corps du pot généralement
fait avec du métal mince, mais encore, sous l'action
extérieure du feu, et sous celle intérieure des dépôts
calcaires elles ne tardent pas à fuir et à nécessiter
des réparations qui équivalent souvent à la valeur
de l'objet.

§ 7. DES MOULES DE PATISSERIE.

Cette industrie essentiellement parisienne ne peut se développer que dans une grande ville. A Paris, la production en est aussi variée que considérable. Cette fabrication est une des spécialités de la chaudronnerie qui offrent la plus grande difficulté et qui, par conséquent, exige la plus grande habileté.

Nous donnons, pl. 5, fig. 1 et 2, deux modèles de ces moules, ou plutôt la forme des matrices qui servent à les fabriquer.

Il y a plusieurs manières d'exécuter un moule de pâtisserie que nous entendons être ici en cuivre rouge, les moules en fer battu ne pouvant affecter que des formes évasées simples et peu saillantes.

Une de ces manières consiste à tourner un bloc de plâtre, à le ciseler à la forme et à s'en servir pour mouler dans le sable, où l'on coule l'alliage d'étain qui doit servir de matrice.

Une autre manière consiste à obtenir directement au marteau le moule où l'on coule le bloc qui doit servir d'empreinte.

Cette méthode est bien plus difficultueuse que la précédente, mais elle donne de meilleurs produits. Le moule, repoussé dans un métal mince, permet d'obtenir deux empreintes, l'une en relief, l'autre en creux, celle-ci servant à finir l'objet en avivant ses arêtes.

Une fois les blocs à empreintes obtenus et les feuilles ébauchées par le rétreint à la forme approchée du moule à obtenir, on met cette ébauche sur la matrice en relief, et on en fait ressortir au marteau les diverses saillies en donnant au métal, au fur et à mesure des opérations successives, le recuit nécessaire au retour de sa malléabilité.

On pourrait également fabriquer les moules par l'estampage, mais la variété des formes nécessiterait un matériel si considérable de matrices qu'en présence de la faible reproduction de chaque type un chaudronnier prudent doit hésiter à se livrer à une aussi grande dépense d'outillage.

Nous avons vu chez M. Gleyse, rue des Moineaux, à Paris, un nombre considérable de types de moules dont quelques-uns sont de véritables œuvres d'art. Cet habile chaudronnier avait exposé, en 1867, une couronne impériale, repoussée au marteau, qui est un véritable chef-d'œuvre du genre. Les personnes qui ignoreraient le fini que peut atteindre le travail du chaudronnier, éprouveraient autant d'étonnement que d'admiration à la vue d'un objet aussi ornementé obtenu avec un seul morceau de métal, sans déchirure ni soudure aucune.

CHAPITRE V.

De quelques opérations de la chaudronnerie artistique.

Nous avons dit, dans notre préface, que le champ de la chaudronnerie était immense et qu'il n'y avait pour ainsi dire aucune industrie qui n'eût un rapport plus ou moins direct avec elle.

Nous allons examiner très-rapidement un des nombreux côtés de l'art du chaudronnier, celui de la chaudronnerie artistique. Encore nous arrêterons-

nous aux enrichissements des objets usuels par la ciselure, la gravure, le repoussé, sans nous livrer à
l'examen ni à l'étude de ces belles productions artis-
tiques dont la maison Mauduit et Béchet offre de si
remarquables modèles.

§ 1er. DE LA CISELURE AU MOYEN DE POINÇONS.

La pièce de cuivre destinée à recevoir des ciselures
étant bien préparée, on lui donne une chaude, puis
on la fixe sur une boule de mastic qu'on laisse refroidir. On dessine sur une feuille de papier les figures qui doivent être reproduites par la ciselure ;
cette feuille est attachée à la pièce de cuivre au moyen
de colle ou de cire : pour transporter les contours du
dessin sur le cuivre, on donne à l'aide du marteau
de petits coups de poinçons suivant ces contours. Une
fois le dessin ponctué sur le cuivre, on enlève le papier et on achève les contours, en joignant les lignes
d'un point à un autre, au moyen de poinçons convenables.

Au moyen d'autre poinçons ou de petits marteaux,
on travaille les places qui doivent être en relief. Pendant cette opération, il est bon d'échauffer un peu
la plaque de cuivre, afin de rendre le mastic plus
mou et plus élastique, pour que la pièce de cuivre
n'enlève pas quelques morceaux de mastic, et que
l'ouvrier ne soit pas forcé de la fixer de nouveau. S'il
arrive que la pièce de cuivre manque de la malléabilité nécessaire pour l'exécution des reliefs, il faudrait, après l'avoir détachée du mastic, lui donner
une autre chaude ; il faut que le feu soit modéré, et
que la pièce de cuivre ne s'échauffe que graduellement.

Pour éviter les fentes et les gerçures, après avoir reçu la chaude, la pièce est plongée dans l'acide sulfurique étendu d'eau : quand elle est bien décapée, complètement débarrassée de tous les corps étrangers, on la chauffe assez pour pouvoir la fixer sur le mastic. Si une chaude ne suffit pas, il faut en donner une autre ou plus. Une fois que toutes les parties en relief sont bien venues, on détache la pièce, on la porte au feu et on la plonge dans l'acide. On plane ensuite les parties qui ont trop de relief, on relève celles qui sont trop enfoncées, et, au moyen de poinçons à mater, on trace de nouveau les contours et on donne le fini à la pièce en faisant disparaître toutes les bosses. Les parties planes sont limées et polies. Si la pièce, par suite du martelage et des chaudes réitérées, a quelques fentes, il faut les faire disparaître en appliquant de la soudure sur le côté opposé au dessin. Cette soudure a la composition suivante :

Laiton. . . . . 1/2 kilog.
Etain d'Angleterre.. . . . . 45 gram.

Pour ciseler des pièces creuses, composées de plusieurs parties, il faut auparavant les remplir de mastic rendu liquide par la fusion, et qu'on laisse refroidir avant de fixer la pièce à ciseler sur la couche de mastic qui doit la maintenir, et qui devra auparavant être chauffée sur une grille de fer.

Comme il est difficile de bien placer une feuille de papier sur les parties circulaires pour ponctuer le dessin, on est souvent obligé de copier le dessin sur la pièce, en se servant de burin ; on achève alors, comme nous l'avons dit plus haut. Il est souvent impossible de fixer sur le ciment des pièces à cause de leurs formes cylindriques et coniques. On introduit alors dans ces pièces un mandrin de fer, dont la longueur et le diamètre répondent à ceux de la pièce. On remplit ensuite les vides de mastic liquide : ce mastic, en se refroidissant, fixe solidement le mandrin à la pièce. On peut alors saisir, entre les mâchoires d'un étau, l'une des extrémités du mandrin, et travailler ainsi les pièces qu'on ne peut fixer directement sur le mastic. L'opération de la ciselure proprement dite étant terminée, on fait écouler le mastic de la pièce en la portant sur un feu doux afin que le mastic s'écoule lentement, en évitant surtout d'en laisser tomber dans le feu, ce qui occasionnerait des vapeurs produisant sur la pièce des taches noires fort difficiles à enlever. Le mastic, soumis à la chaleur, ne s'écoule jamais complétement ; il faut toujours, pour en enlever les dernières parties, ajouter de l'huile et chauffer ; la pièce est ensuite essuyée avec de l'étoupe.

Pour empêcher l'action du feu sur la pièce, il faut l'enduire d'une bouillie de craie, qui s'enlève ensuite facilement au moyen d'une brosse trempée dans une lessive.

Pour ciseler des pièces plates, on opère de la manière suivante : on prend une planche dont les dimensions répondent à celles du vase ; on y ménage des rebords de 50 à 80 millimètres, et on remplit l'espace compris entre ces rebords de mastic liquide, qu'on laisse refroidir. On y fixe ensuite la pièce, préalablement échauffée, en la chargeant d'un poids suffisant pour qu'elle s'enfonce dans le mastic qui doit la déborder.

Si l'on veut commencer avant le refroidissement

de la pièce et du mastic, il faut y verser de l'eau
froide ; le dessin est porté sur la pièce de la manière
déjà mentionnée ; pour dégager la pièce du mastic,
il faut la couvrir de braise. Le dessin est enduit d'une
bouillie de craie, le revers est nettoyé avec de l'huile
et de l'étoupe ; on achève l'opération en brossant le
dessin et en plongeant la pièce dans une lessive ; on
la fait ensuite sécher dans la sciure.

§ 2. DE LA CISELURE AU MOYEN DE MARTEAUX.

Il arrive souvent qu'on ne peut ciseler avec des
poinçons, il faut alors avoir recours au marteau. Ce
travail n'offre d'autre difficulté que d'exiger de l'ouvrier l'habileté nécessaire. Ordinairement on fixe la
plaque à travailler sur un bloc de bois ou de plomb,
dans lequel un enfoncement a été pratiqué ; on peut
immédiatement travailler la pièce sur l'enclume, la
face extérieure qui se trouve en creux devant être
appliquée sur l'enclume. Quand les creux doivent
être profonds, il faut, s'il est possible, donner une
chaude à la pièce, afin qu'elle garde au martelage
son élasticité. Aussitôt que la pièce est ciselée, il faut
unir le dedans.

On place alors entre l'enclume et la pièce une
feuille de cuivre, ou mieux encore de parchemin,
pour éviter que les coups de marteau laissent une
empreinte. On peut encore recouvrir le marteau de
parchemin : l'enclume communique alors son poli à
la pièce. Dans le cas où elle devrait être dorée ou argentée, il faut employer un marteau à planer, et
polir la surface avec un mélange de charbon et de
pierre ponce pulvérisés.

§ 2. DE LA GRAVURE.

La gravure n'a aujourd'hui qu'un rapport indirect avec le chaudronnier par suite des procédés d'*estampage*.

La gravure, généralement faite par des artistes spéciaux non chaudronniers, s'obtient à l'eau forte, au burin ou à l'aide de l'eau forte et du burin à la fois.

Pour graver à l'eau forte une matrice, on choisit une planche d'excellente qualité, d'acier ou de cuivre rouge, sur laquelle on jette une couche de mastic composé de :

Cire vierge. . . . . 2 parties.
Asphalte. . . . . 2 —
Poix noire. . . . . 1 —
Poix de Bourgogne. . . . . 1 —

A l'aide d'une pointe très-fine et en suivant les contours du dessin qui a été transporté sur le vernis, on met le métal à nu, puis on recouvre le tout d'un bain d'eau forte dont la composition varie suivant les cas.

La matrice une fois obtenue, on en obtient des reproduction sur des planches de cuivre, à l'aide de la presse, opération qui constitue l'*estampage*.

§ 3. ESTAMPAGE.

L'*estampage*, que des personnes appellent aussi bien l'*étampage*, sans se rendre compte s'il y a une différence entre ces deux dénominations, l'estampage, disons-nous, a lieu sur une matrice gravée comme nous venons de l'indiquer, ou sur un moule, suivant la finesse du dessin que l'on veut reproduire, ou l'importance des saillies en ronde-bosse que l'on veut obtenir.

Ce serait ici le cas d'indiquer la faible démarcation qui existe entre l'estampage et l'étampage, le premier s'appliquant plus spécialement aux impressions déliées obtenues au balancier, le second aux moulures à fortes saillies obtenues sur du cuivre en planches minces, par l'action du mouton. Toutefois, disons que dans l'esprit général ces deux appellations sont considérées comme synonymes.

L'industrie de l'estampage a pris un grand développement dans ces dernières années, par suite des applications nombreuses que l'on en a faites aux ornements en cuivre, aux couverts et fourchettes, etc.

Nous parlerons peu de l'estampage sur matrice, qui consiste à mettre sur cette matrice la plaque sur laquelle on veut reporter la gravure, et à la frapper à l'aide du balancier ou du mouton. Mais nous nous arrêterons davantage aux procédés d'estampage des cuivres d'ornementation.

On sait que le cuivre est un métal d'une grande malléabilité qui s'augmente par le recuit, et qu'il est susceptible de s'étirer ou de se comprimer dans des directions voulues, pourvu que ces compressions et ces extensions soient produites progressivement, sans quoi le métal se plisse ou se déchire.

Pour arriver à estamper une planche de cuivre jusqu'à la forme voulue, on conçoit que l'on ne puisse y arriver que successivement en passant par des moules se rapprochant de plus en plus de la forme

finale, absolument comme on procède dans le laminage du fer, dans la tréfilerie, etc.

La planche de cuivre, posée sur le moule, est
frappée par un poinçon en plomb affectant sensiblement la forme même du moule dans lequel, d'ailleurs, il a été coulé. Ce poinçon tient à la masse du
mouton par un emmanchement en queue d'aronde.

Les creux trop profonds du moule sont remplis avec
du plomb fondu, remplissage que l'on diminue au
fur et à mesure que l'opération s'avance. C'est un
moyen de graduation.

Souvent, au lieu de commencer l'opération avec
une seule plaque de cuivre, on la commence avec
plusieurs plaques superposées dont on diminue le
nombre jusqu'à l'unité, au fur et à mesure que la
planche a besoin d'offrir le moins de résistance possible, pour s'approprier les petits détails du moule;
de même que l'on garantira partiellement certaines
parties de la feuille qui pourraient se déchirer, en
superposant de petites plaques minces appelées che-
mises. Ce sont là encore des moyens de graduation
en même temps que de préservation.

- Enfin, pour donner le fini à l'estampage, et sup-
pléer à l'insuffisance et pour ainsi dire à la lassitude
du mouton, on a recours à un procédé d'une simplicité aussi grande que le résultat remarquable auquel
il conduit; nous voulons parler de l'emploi de l'eau.

Malgré les coups redoublés du mouton, il arrive
un moment où l'estampage reste stationnaire. Si à ce
moment on jette un peu d'eau sur le cuivre, cette
eau, frappée par le mouton, pousse le cuivre jusque
dans les plus petits détails, et l'on obtient ainsi un
estampage d'une grande pureté.

C'est ainsi, et avec d'autres moyens mécaniques que nous ne pouvons indiquer ici, que l'estampage a pu produire ces moulures et ces ornements de ronde-bosse pour l'architecture monumentale dont le théâtre des Italiens, à Paris, offre un remarquable échantillon dans les consoles de la rampe de la première galerie.

Les diverses pièces estampées sont ensuite soudées et décapées à l'eau forte par les procédés indiqués, puis elles reçoivent un vernis qui maintient leur éclat et leur donne l'aspect d'une véritable dorure.

Les moules de pâtisserie peuvent être considérés comme des objets à fortes saillies pour l'estampage.

§ 4. DES COUVERTS EN FER.

Nous faisons suivre l'estampage par quelques considérations sur les couverts en fer, ce qui est naturel, cette industrie découlant directement de l'estampage.

Pour les couverts en métaux riches, on se sert du laminage à l'aide de cylindres sur lesquels on a gravé les motifs d'ornementation.

L'ouvrier prend du fer de bonne qualité, qui doit être forgé et corroyé, pour recevoir sa forme première. Pour lui rendre l'élasticité qu'il a perdu sous le marteau, il lui donne une chaude. Au moyen de l'emporte-pièce, il découpe dans le fer les dents de la fourchette; les cuillères sont faites avec une machine en acier. Ces pièces sont limées dans un étau, et reçoivent leurs formes définitives au moyen d'instruments en bois. Les filets et les ornements sont appliqués soit avec des matrices, soit avec des poinçons. On étame les couverts, soit pour les livrer ainsi

directement au commerce, soit qu'ils soient destinés
à recevoir un *doublé* d'un autre métal. Nous observe-
rons toutefois que ni le *doublé* ni le *plaqué* sur le fer
n'a pu réussir comme le doublé sur cuivre et notamment sur cuivre rouge.

§ 5. CINTRAGE AU MOYEN DU LAMINOIR.

Les figures 81, 82, 84, pl. 2, représentent les plaques de cuivre qui doivent servir à la fabrication des
tuyaux : dans la figure 84, les bords qui doivent se
recouvrir sont taillés en biseau. Ces plaques sont en-
gagées par leurs extrémités entre deux cylindres dont
les figures 87, 88, 89, pl. 2, donnent les vues. En
faisant tourner ces cylindres dans la direction indiquée par les flèches, la plaque prend successivement
les formes qu'on voit en pointué, pl. 2, fig. 87, 88.
La plaque est mise par son extrémité courbée entre
deux cylindres B, C, dans lesquels est pratiquée une
gorge demi-circulaire (voyez pl. 2, fig. 85, 89).

La plaque est retenue par un ardillon *d* fixé sur la
gorge des cylindres.

La figure 86, pl. 2, indique les deux formes qu'on
peut donner à cet ardillon. En tournant, les cylindres B, C tirent les plaques qui reçoivent la forme
d'un cylindre presque parfait, par la pression du laminoir et la résistance de l'ardillon.

La figure 90, pl. 2, nous fait voir la forme que
prend une plaque à la sortie du laminoir. On peut
encore cintrer les plaques en les faisant passer dans
un moule. On porte la plaque A, qui est plane, entre
deux cylindres E, E, fig. 91, pl. 2. L'extrémité de
cette plaque est placée en F, à l'ouverture du moule,

dont la forme a quelqu'analogie avec celle d'une cloche. La figure 91 *bis* représente ce moule vu de face, afin que la plaque traverse plus facilement le moule. On fait usage de tenailles, qu'on introduit dans un canal pratiqué dans le moule. On peut voir cette disposition pl. 3, fig. 1, 2.

Pour terminer le cintrage des plaques, on leur donne la chaude, et on les passe entre deux cylindres *b,b*, pl. 2, fig. 92, munis de gorges demi-circulaires et d'un ardillon fixe. Cet ardillon a beaucoup d'analogie avec celui des figures 85, 89, pl. 2. Cependant, fig. 1, pl. 3, on voit que l'ardillon est plus en saillie sur les cylindres. Les cylindres en tournant attirent les plaques, qui se cintrent par la pression qu'exerce le laminoir et la résistance de l'ardillon. On peut, en faisant varier les dispositions au moyen du laminoir, donner au cuivre les formes indiquées pl. 3, fig. 5. On peut de cette manière préparer des anneaux pour la fabrication des chaînes.

La maison Cail s'était, croyons-nous, livrée à la fabrication de ces machines, mais leur résultat pratique n'a pas été sans doute favorable, car elles ne se sont pas généralisées.

CHAPITRE VI.

—

APPENDICE

RECETTES DIVERSES.

—

§ 1.   DES MORDANTS EMPLOYÉS PAR LE CHAUDRONNIER.

Le chaudronnier distingue deux espèces de mordants, le mordant rouge et le mordant de sel : le premier est employé pour les cuivres travaillés en rouge, le second pour les autres. Le mordant rouge est un mélange d'urine et de cendres de hêtre, à l'état de bouillie un peu liquide. Ce mordant sera d'autant meilleur qu'il aura été préparé quelques jours à l'avance ; il faut le déposer dans un vase recouvert, afin d'éviter qu'aucune ordure n'y tombe. Le mordant de sel, ou sauce au hareng, est de la saumure ordinaire, ou une simple dissolution de sel.

Les chaudronniers préparent encore quelques autres mordants pour décaper le cuivre après la chaude. Ces mordants sont des composés de vinaigre et de sel, ou bien de tartre et de sel ; il est bon de faire bouillir ces mélanges, afin de leur donner plus de force. On se sert encore, comme mordant, de vitriol (acide sulfurique) affaibli.

Pour nettoyer les surfaces des vases qui ont déjà

été étamés, on emploie l'acide muriatique : les vi-
nasses, les bières gâtées et fermentées, fournissent
des mordants dont l'action est faible.

Il faut toujours, après s'être servi des mordants,
laver le cuivre à grande eau. Si le vase était très-sale,
il faudrait le récurer avec du sable, avant d'employer
le mordant.

Le vase, après avoir été touché par le mordant,
doit être bien lavé, parce que, s'il en restait sur le
cuivre, il deviendrait terne et recevrait difficilement
le poli.

Il est bon quelquefois, après un mordant énergique,
d'employer un des mordants plus faibles dont nous
avons parlé plus haut, et de laver ensuite ; l'application des mordants et les lavages du cuivre exigent
quelque promptitude de la part de l'ouvrier : une
fois le cuivre bien lavé, il faut le sécher à un feu
doux.

Avant de remettre à neuf un vase étamé qui a servi,
il faut, avant d'appliquer aucun mordant, élever assez
la température pour que les corps gras attachés à ses
parois soient brûlés, et que l'étain, commençant à
fondre, puisse être enlevé avec de l'étoupe. Quand le
vase est refroidi, on y verse de l'acide chlorhydrique
qu'on passe sur les parois d'une manière bien égale,
avec un chiffon emmanché au bout d'une baguette.

§ 2. ÉTAMAGE.

L'étamage, considéré d'une manière générale, a
pour but de recouvrir un métal facilement oxydable,
d'une couche d'un autre métal non oxydable. Ainsi
on recouvre le fer d'une couche d'étain, de zinc, ou

de plomb pour le préserver de la rouille, de même qu'on recouvre les vases culinaires en cuivre d'une couche d'étain pour empêcher la formation de sels vénéneux.

Les procédés d'étamage sont fondés sur la propension qu'ont certains métaux à s'allier intimement, à une certaine température, lorsque leurs surfaces sont parfaitement nettes de tout corps étranger ou *décapées*.

Les chaudronniers, pour décaper, se servent de divers mordants qui ont été indiqués.

Les casseroles et autres vases en cuivre qui servent à la préparation des aliments ne leur communiquent aucune qualité nuisible tant qu'on ne les y laisse pas refroidir. Mais ceux qui y séjournent deviennent vénéneux, car, dans ce cas, le cuivre en contact avec des acides ou des matières grasses s'oxyde aux dépens de l'air ; le sel de cuivre qui se forme alors, connu vulgairement sous le nom de *vert-de-gris*, se dissout dans la masse et peut alors causer l'empoisonnement. On évite ce danger en recouvrant le cuivre d'une couche d'étain ; cette couche préservatrice a cependant besoin d'être renouvelée de temps à autre, les récurages, le frottement des cuillers, les sauces acides, en enlevant chaque jour de petites portions et découvrant le cuivre.

L'étain commun et l'étain d'Angleterre servent tous deux à l'étamage.

L'étain commun renferme du plomb, l'étain d'Angleterre n'en contient pas.

On emploie avec le premier la colophane, avec le second le sel ammoniac.

On étame avec l'étain commun de la manière suivante :

Le vase étant bien nettoyé, on saupoudre de colophane bien broyée les parties qui doivent être étamées, ce qui se fait de suite après le dernier lavage, avant que le vase soit encore sec.

Avant de saupoudrer avec la colophane, il faut faire disparaître au râcloir les taches noires qui peuvent se trouver çà et là sur les parois du vase.

Les portions de vase qui ne doivent pas être étamées sont préservées de l'action de l'étain fondu par une couche de terre grasse. Il faut avoir soin, dans ce cas, de ne pas trop élever la chaleur pendant l'étamage, car la terre grasse ferait perdre au cuivre le lustre qu'il prend au martelage. On fait fondre dans une cuiller en fer l'étain destiné à l'étamage, en lui donnant un degré de chaleur suffisant pour que, versé dans le vase de cuivre, il l'échauffe suffisamment et s'attache à ses parois. On verse une partie de l'étain fondu dans le vase saupoudré de colophane, en agitant vivement l'étain jusqu'à ce qu'il soit refroidi. On remet alors l'étain refroidi dans la cuillère en fer, et on prend une nouvelle quantité d'étain fondu qu'on agite de nouveau, et ainsi de suite jusqu'à ce que toutes les parties à étamer soient recouvertes d'étain. Il faut que l'ouvrier opère assez vivement, pour que le vase ne refroidisse pas pendant l'opération.

Dans le cas où quelques portions du vase ne prendraient pas l'étamage, au moyen d'un petit tampon d'étoupe attaché à l'extrémité d'un bâton, on les couvre de nouveau de colophane, et on répète cette opération jusqu'à ce que l'étain prenne. Une fois que l'étain est bien attaché aux parois, on verse encore de l'étain fondu dans le vase, en lui imprimant un mouvement rapide de rotation ; on retire vivement l'étain refroidi. Il en résulte que l'étain s'étend en couches bien égales et prend un beau lustre. On plonge alors le vase dans l'eau pour le refroidir.

L'ouvrier doit avoir soin de plonger bien d'aplomb le vase dans l'eau, afin que l'étain qui s'écoule des parois vers le fond s'y répartisse d'une manière uniforme.

L'étamage au moyen de l'étain d'Angleterre exige des procédés différents ; pour échauffer le vase à étamer, on se sert d'une grille d'une largeur d'environ 65 centimètres, l'air devant arriver sous la grille pour activer la combustion. A défaut de grille, on mettrait sur la forge une plaque de fer bordée de briques, afin que les charbons ne tombent pas ; dans ce cas, on active la combustion au moyen d'un éventail. Tantôt on étame en faisant fondre l'étain dans une cuillère en fer, et en le versant dans le vase chauffé préalablement ; tantôt au moyen d'étain en baguettes qu'on frotte simplement contre les parois du vase.

Les charbons étant bien allumés et le vase bien décapé, on le place sur la grille, de manière à ce que le fond soit en haut. Quand il est chauffé au degré voulu, on le saisit avec des pincettes ; on y verse alors l'étain fondu, ou bien on applique contre les parois l'étain en baguettes. Cette opération terminée, on saupoudre les parois de sel ammoniac ; on le fixe avec l'étain sur les parties qu'on veut étamer, au moyen d'un tampon d'étoupe ; il faut avoir plusieurs de ces tampons préparés d'avance. Une fois l'étain fixé, on verse celui qui s'est refroidi, et on remet le vase sur le feu pour lui donner une nouvelle chauffe. On reprend le vase avec une tenaille, on y met une petite quantité d'étain et de sel ammoniac, et on frotte le vase avec de l'étoupe qui n'a pas encore servi. On refroidit le vase en le plongeant dans l'eau, comme nous l'avons dit ci-dessus.

On frotte ensuite les parties étamées avec du sable fin, de la cendre ou de la sciure, puis le vase est passé à l'eau pure. Ce frottage n'a pas lieu quand l'étamage se fait avec l'étain commun, parce que cet étain perd son lustre quand il est frotté. Les parties extérieures qui doivent rester en rouge doivent être soigneusement lavées, afin que le sel ammoniac, en restant sur le cuivre, ne le ternisse pas.

Nous ne parlerons pas ici de l'étamage du fer fin, autrement dit de la fabrication du *fer blanc*, le *Manuel du Ferblantier* traitant cette question avec tous les développements qu'elle comporte.

Pour étamer les vaisseaux en fonte de fer, il faut qu'ils soient parfaitement nets et débarrassés de corps étrangers, ce qu'on obtient en les raclant ou en les mettant sur le tour (1). On peut encore employer la lime, mais cette méthode ne vaut pas les deux autres.

On fait un amalgame d'*étain* et de *vert-de-gris* en proportions telles que le mélange ait la consistance du beurre. On mêle de l'eau et de l'acide chlorhydrique en proportions égales. On porte la fonte à une température telle qu'on puisse encore tenir le vase à la main, et on lave avec l'acide étendu les places à étamer. Ce lavage se fait au moyen d'un chiffon imbibé d'acide. Avec un autre chiffon, on place sur les parties encore humectées l'amalgame d'étain et de

---

(1) Un moyen nouveau pour décaper la fonte consiste dans l'injection forcée de sable fin, à l'aide de la vapeur.

vert-de-gris par le frottement : l'étain se fixe sur la fonte de fer. On termine l'opération en plongeant le vase dans l'étain fondu, après l'avoir enduit de colophane. Malgré les précautions que nous venons d'indiquer pour étamer la fonte, l'étain adhère difficilement sur ce métal, et l'étamage, par ce procédé, laisse quelquefois à désirer. Il y a deux innovations qui ont permis de rendre l'étamage de la fonte plus sûr et plus durable. La première consiste dans le mode de décapage recommandé par M. Golfier-Besseyre, qui emploie une dissolution de chlorure double de zinc et d'ammoniaque qui facilite tellement l'étamage qu'on peut très-bien étamer du cuivre et du fer avec de l'étain, du zinc et du plomb, du zinc avec de l'étain, et du plomb et de l'étain avec du plomb. Il met si bien à nu les surfaces métalliques sur lesquelles on en fait l'application, qu'aussitôt le contact il se produit des alliages fusibles qui déterminent l'étamage.

La deuxième innovation consiste dans un alliage découvert par M. Budi, qui non-seulement adhère à la fonte sans qu'il soit nécessaire de la tourner, et après l'avoir seulement récurée avec du sable, mais qui est en outre plus fusible, plus dur et plus blanc que l'étain. Voici la composition de cet alliage qui pourrait remplacer celui de Biberel et de MM. Richarson et Motte :

Etain.	89
Nickel.	6
Fer.	5
	100

Pour étamer les tuyaux en plomb, il faut mettre l'étain en fusion dans des vases dont les dimensions varient suivant celles des tuyaux à étamer : il ne faut pas chauffer ces tuyanx au point de les faire entrer en fusion. Pour se régler, on peut employer un thermomètre ou un petit morceau de plomb qui sert de preuve. Si l'extérieur du tuyau ne doit pas être étamé, on l'enduit d'une couche de noir de fumée de lampe et de colle d'amidon. L'intérieur est saupoudré de colophane pulvérisée. Pour empêcher l'action de l'air sur l'étain, on recouvre le bain d'une couche de poix ou de graisse. Le tuyau, quand il est petit, est passé à la main dans le bain d'étain.

On peut étamer de la manière suivante les petits vases. Après les avoir bien lavés et décapés, on les met dans un vaisseau de terre, en y ajoutant la quantité nécessaire d'étain et de sel ammoniac : le tout est mis au feu. Quand la chaleur est assez forte, on tourne vivement, afin que l'étain s'attache d'une manière uniforme. L'opération terminée, le vase est plongé dans l'eau pour être refroidi et bien débarrassé du sel ammoniac ; il est ensuite séché au moyen des sciures chaudes.

Nous devons mentionner un alliage de six parties d'étain et d'une partie de fer, trouvé par Biberel père, et qui offre des conditions de durée, d'économie et de salubrité qui doivent le faire adopter pour l'étamage des vases de cuivre et de tous les ustensiles de cuisine. Beaucoup plus dur, beaucoup moins fusible que l'étain commun, il peut être appliqué sur le cuivre, en couches aussi épaisses que l'on désire. La grande durée de cet étamage est due à ces deux circonstances, car, par les anciennes méthodes, on ne peut augmenter à volonté l'épaisseur de la couche d'étain, parce qu'il n'y a alliage qu'au contact des deux métaux, et qu'à une chaleur suffisante, l'étain en excès coule et se dépose.

Le procédé de Biberel date de 1779; il a été repris par son fils en 1811.

Exploité maintenant par une compagnie, il a pris le nom d'étamage polychrome. Ce procédé a été sanctionné par les rapports de la Société d'encouragement; il était employé par ordre de Napoléon Ier pour tous les étamages des ustensiles de sa maison. Quand on pense à tous les accidents causés par la négligence des domestiques, la malpropreté des vases de cuivre, on ne peut apporter une attention trop grande dans le choix d'un bon procédé d'étamage.

On a proposé de substituer à l'alliage de Biberel l'alliage composé de 0 kil. 283 nickel, 0 kil. 198 rognures de fer, 0 kil. 534 étain, dû à MM. Richardson et Motte.

On fait fondre ce mélange avec un flux composé de 28 grammes de borax et 85 grammes de verre pilé. On obtient un étamage plus adhérent et plus blanc que par l'alliage Biberel.

Nous avons examiné les conditions d'un bon étamage pour le cuivre, la tôle fine à fer blanc, la fonte et même le plomb.

Nous dirons quelques mots de l'étamage ou plutôt du zingage du fer connu sous le nom de *galvanisation*.

C'est à Malouin, chimiste français, qu'est due la découverte, en 1762, du fer galvanisé; mais il ne put la réaliser pratiquement par suite de l'opposition que firent au nouveau procédé les ouvriers d'alors et d'autres difficultés contre lesquelles il eut à lutter.

Mais c'est à Sorel, homme laborieux et modeste, mort à Paris le jour même de la révolution du 18 mars

1871, que revient le mérite de la vulgarisation du fer galvanisé.

Ce fut en 1838 que Sorel reprit le procédé de zingage. Il obtint de la Société d'encouragement les prix Monthyon et d'Argenteuil, et fut plus tard décoré pour son importante découverte. Dès 1864, les seuls fils télégraphiques de France avaient déjà employé près de 11,000,000 kilog. de fil de fer galvanisés.

Le fer galvanisé présente un grand avantage pour certains usages et est préférable au fer-blanc. Il s'obtient en trempant le fer bien décapé dans un bain de zinc fondu et en le retirant assez vite, car le fer est si bien pénétré par le zinc qu'il se formerait un alliage qui se fondrait dans le bain.

Il importe de ne pas confondre la galvanisation avec la galvanoplastie, celle-ci ayant pour but de déposer sur des objets quelconques et par un courant électrique une couche *non adhérente* qui peut être détachée et servir de moule.

M. de la Rive, le premier, est parvenu, il est vrai, à exécuter des précipitations galvaniques *adhérentes*; mais c'est seulement au point de vue de la *dorure* et de l'*argenture*, dont nous n'avons pas à nous occuper.

§ 3.   DU BRUNISSAGE.

Cette opération se fait au moyen de la couleur rouge de Venise ou de la couleur mordorée. Avant de commencer l'opération, il faut que la surface du cuivre soit bien nette.

Il faut mélanger la poudre avec assez d'eau pour qu'elle ait la consistance de la crème. Cette bouillie

est étalée sur le vase à brunir avec une brosse très-
fine ou un pinceau ; le vase est mis au feu, et l'on
porte la chaleur à un degré tel que l'oxyde se fixe sur
les parois du vase.

Après que le cuivre est refroidi, on enlève avec la
brosse la poudre en excès, et le vase est soumis au
martelage. Voici la méthode employée en Allemagne
pour le brunissage :

On fait une pâte très-tendre de la composition suivante : 15 gr.250 de rognures de cornes pulvérisées,
60 grammes de vert-de-gris, 60 grammes de rubrique,
un peu de vinaigre. On recouvre de cette pâte le cuivre parfaitement nettoyé. Il est mis au feu jusqu'à
ce que la pâte soit sèche et ait pris une teinte noire.
Le cuivre est ensuite bien lavé et la couleur brune
apparaît. Pour cette opération, il faut donner de la
chaude avec de la houille. On peut encore brunir
avec du sang de la manière suivante : on fait chauffer un poêlon en fer dont le couvercle est muni de
trous ; le dedans du couvercle porte un crochet auquel on suspend le vase à brunir ; une anse permet
de soulever facilement le couvercle.

On met dans le poêlon du sang de bœuf sec, et on
suspend au crochet du couvercle le vase de cuivre,
de manière à ce qu'il soit enveloppé par la vapeur
qui se dégage du sang ; le vase de cuivre a été préalablement nettoyé avec de la cendre, et plongé dans
une dissolution faible d'acide nitrique. Quand la vapeur cesse de se dégager du sang, on retire le vase,
on le fait refroidir, et on le soumet de nouveau à l'action de cette vapeur : plus l'opération sera répétée,
mieux la couleur tiendra. Cette couleur résiste assez
longtemps à l'action de l'air.

§ 4. DU VERNISSAGE DU LAITON.

Il faut, pour qu'elle reçoive le vernis, que la surface du laiton soit bien unie, sans aspérités. On peut enlever les corps étrangers qui noircissent souvent le laiton en le faisant bouillir dans une lessive de potasse caustique. Après avoir passé à cette lessive, le laiton est bien lavé et plongé dans un mordant composé de 245 grammes d'acide nitrique, d'autant d'acide sulfurique, et de l'eau en proportion suffisante pour qu'en y plongeant un petit morceau de laiton, il blanchisse sans causer d'effervescence ni dégagement de bulles. En sortant de cette dissolution, le laiton est lavé à plusieurs eaux et roulé dans des sciures où il se sèche, après quoi la surface est polie au moyen du polissoir et de la levure. Cette opération exige de la promptitude, afin que le polissoir ne ternisse pas la surface du laiton. Il faut garder le vase dans l'eau jusqu'à ce que l'on puisse le vernir. Pour recevoir le vernis, le vase doit être porté à une température de 110° Réaumur. Voici la composition de ce vernis : 610 grammes d'alcool, 1 drachme et demi de souchet, 100 milligrammes de safran. Ce mélange, fait bien exactement, doit rester vingt-quatre heures dans un endroit chaud.

On décante la liqueur, on y ajoute 25 grammes de gomme gutte, 15 gr. de sandaraque, 10 gr. de mastic, 25 gr. de gomme laque en tablettes, et 125 gr. de verre pilé. Il faut chaque jour bien secouer la bouteille qui renferme ces substances, afin de bien les dissoudre, après quoi on ajoute à la composition 10 grammes de sang-dragon. On prend ensuite 1,000 gr.

d'essence de térébenthine qu'on verse séparément sur
125 gr. de gomme-gutte, 125 gr. de sang-dragon, 30
grammes de rocou. On place ces mélanges au chaud
pour opérer la dissolution.

En mêlant plus ou moins de ces dissolutions dans
le premier vernis, on arrive à faire des jaunes d'or
de nuances plus ou moins foncées.

§ 5. DU PLAQUÉ.

Il ne faut pas confondre le *plaqué* avec le *doublé*.
Par le plaqué, on force deux métaux à s'appliquer
l'un contre l'autre avec une grande adhérence, par
une forte pression, mais sans aucun autre intermédiaire. Le doublé comporte une *soudure* entre les deux
métaux.

Cette industrie, qui a pris naissance en Angleterre,
est maintenant en France l'objet d'un commerce considérable. Nous décrirons en peu de mots cette opération.

On prend une plaque de cuivre du poids de 10 kilogrammes, et de 2 centimètres d'épaisseur; on rend
une des surfaces parfaitement unie, et, à l'aide du
laminoir, on l'étend à peu près au double de son étendue. On passe alors sur la face polie une forte dissolution de nitrate d'argent, puis on applique dessus
une plaque d'argent fin laminée, de manière à recouvrir entièrement le cuivre et même à le déborder tout
autour de 1 à 2 millimètres. On rabat cet excédant
sur la surface non grattée du cuivre, de manière que
l'argent ne peut ni glisser ni se séparer. On chauffe
alors au rouge-brun les deux plaques superposées, et
on les passe au laminoir pour chasser l'air qui se

trouve entre les deux métaux et les amener au degré d'amincissement convenable. C'est par la privation entière de l'air et par la compression que les métaux adhèrent sans soudure entre eux, de manière à ne plus pouvoir être séparés.

On plaque au degré de force qu'on désire en donnant à la lame d'argent le dixième, le vingtième, le quarantième du poids primitif du cuivre. Pour plaquer au dixième, on applique sur le cuivre qui pèse 10 kilogrammes une lame d'argent du poids de 1 kilogramme. Les deux métaux laminés ensemble et réduits à l'épaisseur d'un millimètre, conservent toujours le même rapport d'épaisseur, de sorte que l'argent est toujours le dixième de l'épaisseur totale. On ne plaque pas plus bas qu'au quarantième.

Du fer argenté.

Pour préserver le fer de la rouille, et lui donner à la fois un aspect plus riche, on le recouvre quelquefois d'une couche d'argent.

On commence par recouvrir la pièce qu'on veut argenter d'argent en feuilles, qu'on y fait adhérer par pression autant que possible. Quand on peut, on fixe provisoirement les feuilles d'argent, en les serrant contre la pièce avec un fil de fer très-délié, à un feu assez doux ; on soude les joints des feuilles d'argent, au moyen de la soudure d'argent et du borax. La soudure en fusion coule entre le fer et l'argent, et ces métaux contractent de l'adhérence : les aspérités sont enlevées à la lime, après quoi la pièce est lavée et polie. La soudure qu'on emploie est ordinairement composée de quatre parties d'argent et de deux de cuivre jaune.

C'est une des meilleures méthodes pour argenter le fer. Pour des pièces d'acier écrouies, il faudrait remplacer cette soudure par la soudure à l'étain fin, en ayant soin de frotter les joints d'une dissolution de sel ammoniac. Il faut chauffer la pièce, seulement au point de fusion de l'étain. Après la chauffe, il ne faut pas plonger la pièce dans l'eau; elle doit se refroidir lentement. Cette opération se fait mieux quand auparavant on étame les places qui doivent être argentées. Au moyen du sel ammoniac dissous dans l'eau, l'argent en feuilles se fixe bien sur les parties étamées, en chauffant la pièce au point de fusion de l'étain.

Elle est ensuite lavée et polie. Pour prévenir la rouille, il faut enlever jusqu'aux dernières traces de sel ammoniac. Il faut bien frotter la pièce argentée, à l'huile et à l'émeri.

§ 7. DU PLACAGE DE CUIVRE SUR LE FER.

Quand le fer après la chauffe est bien poli, il peut s'unir au cuivre, soit qu'on le plonge dans un bain de cuivre en fusion, soit qu'on applique le cuivre fondu à sa surface. Les deux métaux s'unissent si intimement qu'ils peuvent passer au laminoir, sans que la couche de cuivre, tout en diminuant d'épaisseur, se sépare du fer.

Pour échauffer les métaux, on se sert de deux fours à réverbère contigus, munis de registres et de portes qui doivent se fermer exactement. Pour obtenir une température élevée, on fait circuler les carneaux autour de la cheminée; on doit, au besoin, intercepter tout courant d'air; la sole du four doit être en

sable ou en briques réfractaires; le mur qui sépare
les deux fours est en briques réfractaires; dans ce
mur est pratiquée une ouverture qu'on ferme avec
un registre; en levant le registre, l'ouverture, qui
est quadrangulaire, doit avoir des dimensions telles
que l'ouvrier puisse passer le fer porté au rouge dans
le four où le cuivre est en fusion. Pour rendre cette
opération plus facile, la sole du four où se trouve le
cuivre est plus basse que la sole du premier four.
A chacun des fours, vis-à-vis du mur mitoyen, une
porte par où l'ouvrier charge le métal, et peut entrer dans le four pour préparer la sole.

Cette porte est percée de trous qu'on peut boucher
et déboucher à volonté, pour manœuvrer l'intérieur
du four. Elle est fermée aussitôt que le feu est allu-
mé; les cendriers et les registres des carneaux sont
ouverts. L'ouvrier ne doit pas, autant que possible,
laisser pénétrer dans le four de l'air complétement
brûlé : il faut pour cela que la houille soit en petits
fragments, et recouvre également toutes les parties
de la grille. Quand on charge la grille ou qu'on attise
le feu, il faut abaisser les registres, pour arrêter la
circulation de l'air dans les carneaux. Quand la porte
du foyer est de nouveau fermée, on peut relever les
registres.

L'ouvrier doit pousser son feu de manière à faire
arriver en même temps le fer et le cuivre à la température voulue. Aussitôt que ce point est atteint, il
faut baisser les registres des carneaux, et lever le registre qui établit une communication entre les deux
fours. Par un des trous de la porte en regard du
mur mitoyen, on saisit le fer avec des pinces pour le
faire passer dans le bain de cuivre : on tient le fer

dans le bain de cuivre de deux à quinze minutes, suivant l'épaisseur du fer et de la couche de cuivre qu'on doit y adhérer. Le fer, étant recouvert de cuivre, est sorti par la porte qui sert à charger le four : on porte alors de nouveau du fer dans le bain de cuivre, et ainsi de suite. Une fois les plaques de fer recouvertes de cuivre refroidies suffisamment, on les passe entre les cylindres d'un laminoir.

Par ce procédé, on peut plaquer de cuivre des plaques, des barres, des fils, des ustensiles de fer de toutes formes. On peut aussi allier le cuivre en proportions diverses à d'autres métaux. Avant de chauffer le fer, il faut le plonger dans un bain de résine.

Quand une feuille de fer ne doit être plaquée que d'un côté, on ne doit pas alors la plonger dans le bain de cuivre : on verse le cuivre sur une des faces avec une cuillère. Voici comment se fait cette opération : par la couverture du mur mitoyen, on passe la cuillère remplie de cuivre. On peut encore joindre deux plaques par leurs bords, les plonger dans le cuivre et les séparer ensuite. Si la couche de cuivre doit avoir une certaine épaisseur, il faut replier extérieurement les rebords de la plaque de fer, qu'on recouvre ensuite de morceaux de cuivre qui doivent ultérieurement entrer en fusion. On peut encore mettre cette feuille de fer à la surface d'un bain de cuivre, en ayant soin de tenir les bords en haut. Le fer plaqué de cuivre est employé avec avantage dans le cas où il faut le garantir de la rouille. On peut marteler et plier ce fer sans l'endommager. On peut encore recouvrir le fer d'une couche de cuivre en employant la méthode suivante :

On remplit d'eau de pluie ou d'eau de rivière une

cuve de bois. Après avoir chauffé des morceaux de cuivre dans un petit fourneau où on maintient une température égale, on les plonge dans l'eau de la cuve : on répète cette opération jusqu'à ce qu'il y ait dans la cuve une quantité suffisante de cuivre; on agite l'eau et on plonge dans la cuve les pièces de fer, de manière à ce qu'elles soient complétement immergées; au bout d'une dizaine de jours, le fer sera recouvert de cuivre.

Plus le séjour du fer dans l'eau sera long, plus la couche de cuivre sera épaisse.

Dans la précédente édition de ce manuel, les articles suivants ont été traités à la suite.

De l'application du platine sur d'autres métaux, à l'aide d'un amalgame de platine, ou au moyen d'une dissolution de chlorure de platine dans l'éther.

De la dorure du cuivre et du laiton avec un amalgame d'or.

De l'argenture du cuivre et du laiton par l'application de feuilles d'argent, ou en se servant de l'argenture au pouce ou chlorure d'argent de Mellawitz.

Du bronzage du cuivre.

D'un enduit propre à préserver le fer de la rouille.

Du bronzage artificiel.

Du bronze vert.

De la recette d'un vernis pour les bronzes.

Du polissage de la fonte, de l'acier et du laiton.

De la recette d'un enduit donnant au fer une couleur d'or.

Des diverses laques pour cuivre, laiton et étain.

D'une recette pour donner à la fonte la couleur du laiton.

Chaudronnier.   12

D'une recette d'un enduit donnant au fer l'apparence de l'acier et le préservant en même temps de la rouille.

D'une recette de quelques émaux pour cuivre et fonte.

Enfin pour une recette d'étamage pouvant servir pour divers métaux et la fonte.

Nous n'avons pas cru qu'il y eût un rapport assez étroit entre ces diverses matières et le sujet de notre étude. Nous renvoyons les personnes que ces procédés pourraient intéresser, soit à la première édition, soit aux autres Manuels-Roret où ils sont consignés à leur véritable place. Elles les trouveraient aussi dans le *Dictionnaire des Arts et Manufactures* de M. Laboulaye, où M. Barral a traité toutes ces questions d'une manière complète.

CHAPITRE VII.

De quelques ciments employés par le chaudronnier.

Le chaudronnier se sert quelquefois de ciments dont nous allons donner la composition pour quelques-uns.

Ciment au fromage.

Fromage sec réduit en poudre. . .	90 parties.
Chaux vive provenant du marbre.	10 —
Cuivre.	1 —

Il faut garder le mélange dans des bouteilles bien fermées, pour éviter l'action de l'air : quand on veut s'en servir, on en verse sur une assiette de terre, en ajoutant l'eau nécessaire pour former une pâte dont la consistance varie suivant l'usage qu'on veut en faire. Ce ciment, quand il est dur, peut supporter, sans en être altéré, l'action de la vapeur.

Ciment d'œufs.

Ce ciment ou lut est un mélange à parties égales de farine de seigle et de briques pulvérisées et tamisées, délayées dans des blancs d'œufs.

Ciment résistant à l'eau bouillante et à la vapeur.

On délaie dans de l'huile de lin cuite, du minium, de la litharge, du blanc de céruse, à parties égales. On étend ce mélange sur une étoffe de laine, qu'on fixe sur la place où une fuite s'est déclarée.

Ciment résistant à l'influence de l'eau et du feu.

On met dans un litre de petit lait environ 3 blancs d'œufs, et on fait bouillir en ajoutant de la chaux. On peut remplacer le petit lait par du lait, dans lequel on verse un peu de vinaigre. On se sert de ce ciment en l'étendant sur un morceau de toile.

Ciment pour boucher les crevasses d'un vase en fer.

Terre argileuse. . . . . 6 parties.
Limaille de fer. . . . . 1 —

mélangées avec autant d'huile de lin, de manière à former une bouillie assez consistante qu'on introduit dans les crevasses.

Ciment pour les poêles en fer.

Terre grasse.	4 parties.
Borax.	1 —
Sel ammoniac.	4 —
Limaille de fer.	16 —

Ces substances sont réduites en bouillie dans l'eau ou le vinaigre.

Mastic de fonte de fer.

Limaille de fer.	1 kilog.
Sel ammoniac.	750 gram.
Soufre.	15 —

Ce ciment ne peut se garder : il faut le préparer quand on veut s'en servir immédiatement.

Nous arrêterons ici la nomenclature des ciments et mastics, en renvoyant de nouveau à la première édition pour les procédés suivants :

Procédé pour rehausser la couleur des vases dorés.

D'un vernis pour laiton et cuivre.

D'un vernis pour le fer.

D'un procédé pour séparer la dorure du laiton, du cuivre et du fer.

D'une poudre pour fourbir les métaux argentés.

Nous ne parlerons que pour mémoire de l'ordonnance de Police du 10 février 1837, aujourd'hui presque tombée tout-à-fait en désuétude, et qui concerne les ustensiles ou vases de cuivre, et divers autres métaux.

LIVRE III

Suivant l'usage auquel on la destine, la tôle de fer s'emploie sous des épaisseurs qui varient entre un demi-millimètre et quinze millimètres ou plus.

Lorsque l'épaisseur de la tôle ne dépasse pas deux millimètres, elle se travaille à froid comme la tôle de cuivre. Elle se découpe à la *cisaille à main*, s'emboutit au *marteau*, et s'assemble au moyen de petits *rivets* posés à froid ; elle est la tôle pour *tuyaux* de poêles, *calorifères*, *gazomètres*, ustensiles en fer battu, etc.

De deux à quatre millimètres d'épaisseur, la méthode de traitement est mixte ; mais au-dessus de quatre millimètres, le travail se fait à chaud et constitue ce que l'on appelle la grande chaudronnerie du fer.

La tôle de fer, employée sous des épaisseurs dépassant quatre millimètres, est généralement destinée à la confection des *chaudières, bateaux à vapeur* de grande dimension, réservoirs.

Les formes générales qu'elle affecte, dans ces diverses circonstances, sont au nombre de quatre principales, savoir :

La forme plane,
La forme cylindrique,

La forme conique,

La forme sphérique.

La forme plane étant la forme naturelle de la tôle entrant dans l'atelier de chaudronnerie, elle n'est nullement difficile à obtenir.

Les formes cylindrique et conique, étant des surfaces développables, s'obtiennent assez facilement au moyen d'un travail de *cintrage* qui se fait à chaud ou à froid, suivant la qualité des tôles et la puissance des machines à *cintrer*.

La forme sphérique est la plus difficile à obtenir, parce que là, il faut emboutir les feuilles à coups de marteau dans des moules, jusqu'à ce qu'elles aient pris la forme de ce moule.

Quelle que soit celle de ces formes que l'on veuille communiquer à une feuille de tôle, le nombre des opérations principales de la chaudronnerie est de sept, savoir :

1° Le tracé du contour des surfaces et de l'emplacement des rivets.

2° Le découpage des feuilles.

3° Le perçage, en totalité ou en partie, des trous des rivets.

4° Le chauffage des feuilles qui sont cintrées à chaud ou embouties.

5° Le cintrage ou l'emboutissage.

6° L'assemblage des feuilles.

7° Le mattage.

CHAPITRE PREMIER.

Tracé du contour des surfaces et de l'emplacement des rivets.

Le tracé n'est pas, chez tous les chaudronniers, la première opération dans la confection d'une chaudière.

Lorsque l'on fait usage de tôles défectueuses, ou si l'on n'est pas bien certain des cintrages ou emboutissages que l'on veut obtenir, soit par suite de complication des surfaces, soit par suite de la défectuosité des machines et outils dont on fait usage, on préfère commencer par la quatrième opération en passant par la cinquième avant de reprendre l'ordre indiqué ; cet ordre est, du reste, suivi chez les principaux chaudronniers.

Lorsque les feuilles doivent composer des appareils cylindriques ou coniques, elles se tracent à la règle et à la pointe.

Lorsqu'au contraire elles doivent composer des appareils ou portions d'appareils sphériques, ou affecter des surfaces non développables, on les trace au moyen de patrons en tôle très-minces, portant tantôt la totalité, tantôt une partie seulement des trous des rivets, que l'on marque sur la feuille avec un tampon trempé dans de la craie en bouillie.

La coupe d'un patron pour chaudières à vapeur n'est pas chose facile, en tant que l'on veut arriver juste après l'emboutissage, et faire le moins de déchet possible. C'est, comme dans l'art du tailleur, l'expérience, aidée de l'intelligence et de quelques notions de géométrie élémentaire, qui fait les meilleurs coupeurs ; seulement, la besogne est beaucoup moindre pour les chaudières que pour les habits, par la raison que, à dimensions égales, les formes ne varient pas ou varient fort peu, et que le nombre des dimensions qui peuvent influer sur celui des patrons est très-restreint.

Le diamètre et l'espacement des rivets ne sont pas choses arbitraires. Si l'on s'en rapportait à ce qui se faisait généralement, le diamètre des rivets serait double de l'épaisseur des feuilles de tôle à assembler. Ainsi, les épaisseurs variant généralement entre 6 et 12 millimètres, les diamètres des rivets varieraient entre 12 et 20 millimètres.

Quant à l'espacement de centre à centre, il varie entre deux et demie et trois fois le diamètre des rivets, c'est-à-dire entre cinq et six fois l'épaisseur de la tôle, pour chaudières à vapeur s'entend ; pour gazomètres, tuyaux de poêles, etc., cet espacement peut être plus considérable sans inconvénient.

Aujourd'hui, on est arrivé à déterminer l'espacement et le diamètre des rivets d'après des considérations rationnelles et des règles bien déterminées.

Nous donnons plus loin un tableau donnant le diamètre, l'espacement et la position des trous, ainsi que les dimensions des rivets correspondants, suivant l'épaisseur des feuilles et la nature de la clouure (voir pl. 19, fig. 3, 4, 7, 10).

En remontant à l'origine, une chaudière à vapeur, par exemple, avant d'être fabriquée, doit être étudiée au double point de vue de son application et de son exécution.

L'étude des formes, des dimensions et de l'installation d'une chaudière est du domaine de l'ingénieur, et le chaudronnier, la plupart du temps, n'a qu'une faible latitude pour la facilité de ses commandes ou de sa fabrication.

Lorsqu'une chaudière lui est commandée, le chaudronnier en dessine une esquisse qui lui sert à établir sa commande de feuille. Il calcule exactement le développement des feuilles qui font les viroles intérieures, et celui des feuilles faisant les viroles extérieures. Il détermine leur nombre respectif, en même temps que leurs dimensions en longueur, largeur et épaisseur, et en fait autant, s'il y en a, pour le dôme, les bouilleurs ou tubes intérieurs, les cuisards, les fonds.

Sa commande étant livrée, il la vérifie, puis il procède au tracé. Sur chaque feuille sont tracées, au cordeau, deux lignes rectangulaires se croisant au milieu. C'est en se servant de ces lignes que l'on inscrit à la feuille, un rectangle passant par l'axe des trous, et c'est sur les côtés de ce rectangle et à l'aide du compas que le centre des trous est indiqué, après en avoir calculé l'écartement. Lorsque les feuilles sont grandes, le tracé du rectangle considéré exige l'emploi du *compas à verge* et à pointe, pl. 18, fig. 23. Les trous étant indiqués, ils sont immédiatement pointés, après quoi, on trace les *pinces* par des traits de craie.

Pour le tracé des pinces, il faut considérer si une seule feuille est suffisante pour constituer la virole ou s'il en faut deux et plus; et enfin, si la feuille considérée appartient à une virole intérieure ou extérieure. Pour être bien fixé à ce sujet, on aura eu soin de faire le tracé qui donne la position des pinces

avec le mode d'emmanchement des viroles, dans le
cas de deux tôles.

Les trous étant tracés et les pinces tombées, on
poinçonne ; le poinçonnage a pour effet de courber
les pièces qui passent sous le poinçon ; cet effet n'a
aucun inconvénient sur les feuilles destinées à être
cintrées.

Les trous étant percés, les feuilles chauffées et cintrées, on forme les viroles en ayant soin de les repérer pour l'emmanchement, qui se fait bientôt après
en chantier. L'emmanchement une fois fait, et la
rivure achevée, on procède à la pose du réservoir de
vapeur, s'il y en a, et des pattes d'appui ou oreil-
lettes.

Pour bien placer d'aplomb le réservoir ou magasin
de vapeur, préalablement fini à terre, on trace, pl. 18,
fig. 23, sur le corps de la chaudière, et à l'aide du
cordeau les lignes de centre c, a, d, parallèles à l'axe
du corps cylindrique ; et les lignes verticales passant
par ce même axe. On pose le réservoir et on régularise bien la position, à l'aide du compas à verge et à
pointe, comme il est indiqué sur la figure.

Quelquefois le diamètre du réservoir de vapeur est
assez grand. Pour ne pas affaiblir la chaudière en ce
point, on ne perce dans la feuille qui soutient ce réservoir, que le trou d'homme de la grandeur nécessaire, en ayant soin de faire, à l'endroit de la jonction
du réservoir avec le corps, un trou de chaque côté de
la courbure, pour l'écoulement facile de l'eau de
condensation, dans la masse.

Au lieu d'être en tôle comme à la figure 23, le
réservoir est quelquefois en fonte ; ou plutôt c'est le
socle même de l'autoclave, fixé directement sur la

chaudière. Nous en donnons une disposition, pl. 18, fig. 26, ainsi qu'un modèle de tampon de trou d'homme de bouilleur de 60 centimètres de diamètre, pl. 18, fig. 24, avec ouverture en dessous pour la vidange ou l'alimentation.

La chaudière une fois finie, on y place les appareils accessoires, et l'on se prépare à son essai par la presse hydraulique.

Cet essai a généralement pour effet d'indiquer des fuites nombreuses que l'on marque rapidement à la craie, et que l'on reprend au matoir; après quoi la chaudière peut être livrée.

Nous avons donné une vue rapide de la manière générale dont on s'y prend pour construire une chaudière cylindrique simple. Nous ajouterons brièvement, en nous réservant d'y revenir plus amplement, qu'en dehors des circonstances qui obligent, une bonne chaudière doit toujours avoir un excès de puissance, le plus de volume d'eau, et le plus de surface de chauffe, sous le moindre poids de métal.

La faculté pour le nettoyage des dépôts, et le matage des fuites, doit y être étudiée, et la vapeur formée devra toujours pouvoir se dégager facilement; sans quoi elle s'accumule en éloignant l'eau de la tôle qui rougit bientôt et peut conduire à de graves accidents.

———

CHAPITRE II.

Découpage des feuilles.

Nous avons eu occasion déjà, de faire un exposé des divers outils employés en chaudronnerie.

Nous y revenons à propos du travail spécial du fer, pour y ajouter des considérations complémentaires.

Le découpage des feuilles se fait de trois manières :

1° A la cisaille ;
2° A la machine à raboter ;
3° A la machine à mortaiser.

ARTICLE PREMIER. — *Cisailles.*

Nous en avons distingué de plusieurs sortes :
La cisaille à main, pl. 3, fig. 19.
La cisaille circulaire, pl. 3, fig. 16, 17.
La cisaille mécanique, pl. 3, fig. 23, 24, 25, 26.
Il y a aussi à considérer la cisaille à action directe ou à vapeur, pl. 3, fig. 20, 22, et la cisaille à queue, fig. 18.

1° *Cisaille à main.* — Elle s'emploie pour couper les tôles dont l'épaisseur ne dépasse pas 2 millimètres.

Il existe des cisailles à main de toutes les dimensions, depuis la longueur de 5 centimètres jusqu'à celle de 20 et au-dessus, aux *mâchoires.*

2° *Cisaille mécanique.* — Elle s'emploie dans la chaudronnerie et dans les forges anglaises pour couper la grosse tôle et le fer.

Les mâchoires ont de 30 à 50 centimètres de long,

et sont en acier rapporté dans les bras qui sont en fonte; de cette manière, on peut les aiguiser facilement quand elles ne coupent plus. Elles consistent en deux lames d'acier à section rectangulaire, légèrement biseautées aux arêtes du contact (pl. 3, fig. 22).

Souvent, dans la chaudronnerie, on donne à la cisaille mécanique la forme de la figure 20 que nous expliquerons plus loin.

3° *Cisaille circulaire*, pl. 3, fig. 16, 17. — Elle diffère essentiellement des autres, en ce que son action est continue, tandis que celle des premières est alternative.

Elle consiste en deux cylindres en acier, montés chacun sur un axe, tournant l'un au-dessus de l'autre, de manière à ce que leurs bases soient toujours en contact.

Les axes communiquent entre eux par des roues d'engrenage, et sont mis en mouvement, soit par une manivelle appliquée directement à l'un d'eux, soit par une combinaison d'arbres et d'engrenages, suivant l'épaisseur des tôles qu'elle est appelée à découper.

La vis D, terminée par une pointe qui pénètre dans l'axe de l'arbre du cylindre inférieur, sert à rapprocher les deux faces extérieures des cylindres, de manière à ce qu'elles soient toujours en contact, condition indispensable pour que l'appareil fonctionne bien.

Nous avons vu peu de ces cisailles employées à découper de la grosse tôle; nous en avons vu, au contraire, fréquemment employées pour le découpage des tôles minces. A la Monnaie de Paris, il en existe dans les laboratoires des essayeurs, pour découper les petites feuilles d'argent ou d'or laminé pour les essais. Il en existe aussi chez M. Lemaréchal, lamineur de métaux, 3, rue Chapon, à Paris.

Le principal inconvénient de ces cisailles, c'est de ne pouvoir être affûtées facilement et de nécessiter, en cas de détérioration d'une partie de l'arête coupante, le remplacement complet du couteau circulaire, qui est un objet infiniment plus cher qu'une lame de cisaille ordinaire. Toutefois, l'usure est excessivement lente.

4° *Cisaille à vapeur*. — On emploie avec un grand succès les machines à vapeur à simple effet, pour mouvoir certains outils qui n'ont d'action que dans un sens : les cisailles sont du nombre de ces outils.

La cisaille représentée dans la planche 3, fig. 20, diffère de la cisaille ordinaire, en ce que les mâchoires *a* et *b* sont perpendiculaires à l'axe du mouvement, au lieu de lui être parallèles.

Par cette disposition, l'ouvrier a beaucoup plus de facilité pour manœuvrer les feuilles de tôle, et la puissance de la machine est bien plus grande, parce que l'action du levier a lieu sur la tête même de la mâchoire mobile, laquelle tourne autour d'un axe placé à son extrémité.

La manœuvre du tiroir du cylindre à vapeur se fait à la main. La tige du piston est guidée par deux galets se mouvant chacun dans une coulisse.

Le levier moteur A est terminé par un axe recevant une bielle qui communique à une manivelle montée sur un arbre portant un volant. Cette disposition a pour but de limiter la course du piston, mais n'est pas indispensable : elle gêne plus qu'elle n'est utile.

Ce qu'il y a de mieux pour limiter la course, c'est

de faire frapper le levier en haut et en bas, sur un arrêt en bois ou toute autre substance élastique.

ARTICLE 2. — *Machine à raboter.*

Lorsque l'on a des feuilles longues à couper, et surtout à dresser, on fait ce travail à la machine à raboter.

On peut, à la rigueur, faire usage de la machine à raboter ordinaire, soit à outil fixe et chariot mobile, soit à outil mobile et chariot fixe ; mais il est préférable d'employer une machine à raboter, disposée spécialement pour le travail des tôles.

Nous avons donné, pl. 18, fig. 37 et 38, le dessin d'une petite machine à raboter. Une machine plus grosse n'aurait pas ici une place naturelle. Il existe à Paris et autres villes, de nombreux dépôts de ces outils.

ARTICLE 3. — *Machines à mortaiser ou parer.*

Lorsque l'on a à découper des plaques dont les contours sont variés, comme les plaques de garde de *tenders* et de locomotives, on fait usage du foret et de la machine à parer.

Le foret sert à percer une infinité de trous tout autour de la surface à isoler, et la machine à parer sert 1° à découper les portions de tôle restant entre les trous ; 2° à dresser les faces découpées.

Dans ce cas, on met de six à douze feuilles les unes au-dessus des autres, et le travail s'effectue avec une rapidité extraordinaire, comparativement à ce qu'il serait par les procédés ordinaires ; de plus, il est bien fait, chose indispensable qu'on ne pourrait obtenir avec la cisaille, le burin et la lime.

Soit par exemple proposé de faire douze plaques
de garde semblables à la figure 21, pl. 3. On prend
douze feuilles de tôle capables, c'est-à-dire ayant pour
surface A B C D. Sur un calibre en tôle mince, on trace
le contour des plaques à enlever, ainsi que l'emplacement des trous des boulons qui devront exister dans
ces plaques.

Cela fait, on place le calibre sur la pile des douze
feuilles, et on perce à la machine un trou de boulon
a; ensuite on passe dans ce trou un boulon que l'on
serre fortement, puis on perce un second trou *b* ou *c;*
on passe encore un boulon.

Les plates-formes des machines à raboter, percer
et parer, sont disposées de manière à loger les têtes
des boulons; dans le cas où les logements de ces têtes
ne se trouveraient pas en rapport avec les positions
que les tôles doivent occuper pour être travaillées,
on perce d'autres trous où l'on met en dessous des
feuilles de l'épaisseur des têtes.

Les feuilles ainsi assemblées au moyen de deux
boulons *a* et *b*, on dresse la face EF à la machine à
raboter. On peut, si l'on veut, dresser également les
faces G H, I K, L M, en n'entrant dans les feuilles que
de la quantité nécessaire pour dégager les arêtes
correspondant aux faces I K, L M, ce qui n'est pas
fort commode.

Quel que soit le mode de découpage adopté pour
les faces G H, I K, L M, tout ce qui n'a pas été dressé
à la machine à raboter est terminé aux machines à
percer et parer, de la manière suivante :

La machine à percer forme une infinité de petits
trous de 8 millimètres de diamètre environ, sur tout
le contour à découper; ces trous sont tangents au

contour, et aussi rapprochés que possible les uns des autres, c'est-à-dire distants de 2 millimètres de circonférence à circonférence. Il faut avoir soin de ne les pas rapprocher plus, parce que l'on s'expose, en forant, à faire tomber le foret d'un trou dans un autre, ce qui, loin d'accélérer le travail, le ralentit singulièrement.

Quand tous les trous sont percés, on porte la masse à la machine à mortaiser, qui abat successivement les cloisons laissées entre eux, au moyen d'un outil assez plat pour ne prendre que 2 à 3 millimètres de tôle en largeur.

Quand tout le contour est découpé, on remplace l'outil mortaiseur par un outil pareur.

Il est rare que l'on puisse achever le travail au moyen d'un seul outil; en général, on préfère dégorger d'abord, au moyen d'un outil arrondi, toutes les saillies qui forment les découpures précédentes, et les amener à un état moins rugueux. Cela fait, on achève le dressage au moyen d'un outil plat.

On finit ensuite à la lime, qui enlève les bavures et polit.

CHAPITRE III.

Perçage des feuilles.

Le perçage des feuilles est l'opération qui a pour but de forer les trous des rivets seulement.

Il s'opère, tantôt en totalité, tantôt en partie seulement, avant le cintrage des feuilles. La règle générale est la suivante :

Les feuilles se trouvant, par suite du mode d'assemblage à joints superposés, les unes dessus, les

autres dessous, on peut toujours percer d'avance les
feuilles qui sont dessus. Quant à celles qui sont dessous, on peut encore les tracer, si on possède bien la
pratique de son art. Il est rare, en effet, que pour des
travaux qui se répètent, on n'arrive pas juste dans
le tracé des feuilles de dessous, si on tient compte de
l'épaisseur.

Il serait d'ailleurs impraticable, avec les grands
travaux de chaudronnerie d'aujourd'hui, de percer
sur place, le nombre considérable de trous des feuilles
de dessous.

Quelquefois, malgré les plus grands soins et les
meilleurs calculs, les trous des feuilles à superposer
ne coïncident pas. Toutefois, la différence est généralement faible ; on régularise avec un équarrissoir,
ou à grands coups de marteau sur une broche d'acier,
et le rivet est posé après.

Ces considérations s'appliquent évidemment aux
feuilles qui doivent être cintrées, car pour les feuilles
planes, la difficulté n'existe pas. Pour tracer, dans ce
cas, les trous de la feuille de dessous, on peut se
servir du compas et du tire-ligne, mais il est plus
sûr de se servir de la feuille supérieure comme d'un
patron en engageant dans les trous percés un pointeau qui épouse à frottement doux la forme de ces
trous et se termine par une pointe qui, sous le coup
du marteau, imprime le centre du trou inférieur,
pl. 18, fig. 25.

Il est à peine besoin de dire que les forets pour
percer la tôle diffèrent des autres, et sont de véritables *emporte-pièces* ou poinçon.

Cela provient de ce que les tôles n'ont jamais plus
de 12 à 15 millimètres d'épaisseur, et peuvent tou-

jours se percer de cette manière, infiniment plus expéditive que l'autre, quoique moins régulière, mais suffisante cependant pour recevoir un rivet. A chaque coup de l'emporte-pièce, il se détache un petit rond légèrement concave d'un côté et convexe de l'autre. Ces ronds de tôle sont en partie utilisés par les marchands de cannes, qui les emploient à garnir le bout portant sur le pavé.

Les machines à percer la tôle sont toutes identiques et analogues à la machine à découper, pl. 3, fig. 20. Elles ne diffèrent entre elles que par la manière dont elles sont mises en mouvement.

Lorsqu'elles sont mues à bras d'homme, elles sont munies d'une roue d'engrenage, d'un pignon, d'un volant et de deux manivelles pour quatre hommes.

Quand elles sont mues par la vapeur, pl. 4, fig. 17, la machine est à simple effet, et son tiroir se manœuvre à la main.

Dans ce dernier cas, il est quelquefois nécessaire de donner deux et trois coups de piston pour achever le trou complétement.

La matrice, pl. 4, fig. 1, qui fait contre-coup sous la tôle que découpe l'emporte-pièce, est en acier et légèrement bombée à la surface; le trou intérieur est évasé intérieurement, de manière à faciliter la chute du bouton enlevé par le foret.

Entre la feuille de tôle et le foret, de chaque côté du trou, est une fourche en tôle mince, recourbée, et venant se fixer à la machine. Cette fourche a pour but de permettre la sortie du foret du trou qu'il a fait, en ne laissant pas la tôle s'élever avec lui quand il remonte.

Quand on fore des trous de rivets, la feuille est

toujours tenue ou au moins conduite par l'ouvrier principal.

Si on perce à bras, le mouvement étant continu, il faut qu'il s'arrange de manière à changer les trous pendant le temps qui s'écoule entre deux descentes successives du foret; si, au contraire, on perce à vapeur avec une machine à simple effet, le mouvement est intermittent, et alors il peut prendre tout le temps qu'il veut pour poser sa tôle, ce qui, dans certains cas, est un avantage; dans d'autres, un inconvénient.

CHAPITRE IV.

Chauffage des feuilles.

Le chauffage des feuilles s'effectue dans des fours à réverbère, analogues à ceux que l'on emploie dans les forges pour réchauffer les tôles que l'on veut passer au laminoir.

Les figures 6 et 7, pl. 4, représentent un four de ce genre.

Sur une voûte, en plein-cintre et en briques, est établie une sole de même substance et recouverte de sable.

Sur cette sole sont disposées quatre ou cinq barres longitudinales de fer carré de 6 à 8 centimètres d'épaisseur; c'est sur ces barres que se placent les feuilles de tôle à réchauffer, en quantité plus ou moins grande, suivant leur épaisseur, le degré de cuisson que l'on veut obtenir et la puissance calorique du four.

Le feu se fait dans un foyer à réverbère F sur des barreaux en fer mobiles.

La flamme, après avoir léché la voûte du four, s'échappe par deux conduits C C placés de chaque côté du four, et dont l'origine est près de la porte P d'introduction et de sortie des tôles.

Ces conduits latéraux, régnant sur toute la longueur de la sole, empêchent tout refroidissement par les parois. Ils vont ensuite déboucher chacun dans une cheminée particulière D, fermée supérieurement par un *registre à clapet*, se manœuvrant au moyen d'une chaîne et servant à régler le tirage, selon la température que l'on veut obtenir et le côté que l'on veut le plus chauffer.

On a construit des fours de bien des formes pour le réchauffage des tôles. Les uns, analogues aux fours de boulangers, n'ont pas de grilles : le feu se fait à même, et la tôle se place dessus. D'autres ont le feu en dessous de la sole, et envoient l'air chaud dans l'intérieur par deux conduits latéraux.

Il est bon de remarquer que la porte par où l'on introduit les feuilles à chauffer doit être d'une manœuvre facile et rapide. On a soin de l'équilibrer à l'aide d'une chaîne qui s'enroule sur une poulie à gorge, et à l'extrémité de laquelle est accroché un contre-poids.

CHAPITRE V.
Cintrage et emboutissage des feuilles.

—

ARTICLE PREMIER. — *Cintrage.*

Nous renvoyons à ce que nous avons dit p. 58 à 62 pour tout ce qui concerne le cintrage des feuilles de tôle, à froid et à chaud, et nous dirons ici quelques mots sur l'emboutissage.

ARTICLE 2. — *Emboutissage.*

L'emboutissage des feuilles de tôle se fait toujours à chaud, à moins que leur épaisseur soit très-faible.

Il se pratique, en général, dans des matrices ou sur des mandrins en fonte. Il diffère en cela essentiellement de l'emboutissage du cuivre, qui se fait toujours à froid et sans autre aide que le marteau et l'enclume, dont les formes sont, il est vrai, très-variées.

Les matrices employées à l'emboutissage des tôles affectent toujours la forme extérieure de la pièce, c'est-à-dire de la partie convexe; elles sont en conséquence concaves, et l'emboutissage s'effectue à coups de marteau frappés intérieurement pour appliquer la tôle contre cette matrice.

Les mandrins, au contraire, affectent la forme intérieure des pièces, et sont conséquemment convexes.

Suivant le plus ou le moins de courbure qu'il y a à donner aux feuilles pour les emboutir et leur communiquer des formes qui ne sont ni cylindriques ni coniques, il faut avoir soin d'employer des tôles plus ou moins malléables.

Ainsi, pour des calottes sphériques qui se font de plusieurs morceaux, les tôles ordinaires suffisent largement, tandis que pour les fonds bombés, il faut des tôles d'excellente qualité.

Généralement, pour les calottes de générateurs à fonds bombés, on emploie des tôles fines au bois ; sans cela, on ne pourrait tomber leurs bords sans craindre de les gercer.

CHAPITRE VI.

Fabrication et pose des rivets — Assemblage des feuilles.

L'assemblage des feuilles se fait au moyen des rivets.

Les rivets (pl. 4, fig. 11) sont de petits cylindres en fer, munis d'une tête ronde, que l'on pose à chaud dans les trous correspondants de deux plaques de tôle à assembler, et que l'on aplatit ensuite à coups de marteau ou au moyen d'une machine, de manière à leur donner la forme d'un cône.

Nous en donnons une série, de types divers, qui est largement suffisante pour tous les cas de la pratique, et en même temps nous faisons suivre un tableau dont il a été déjà parlé, et donnant tous les éléments d'un bon assemblage.

Ils se fabriquent avec du fer rond dont l'échantillon varie nécessairement suivant l'épaisseur des feuilles à assembler.

Jusqu'à 6 millimètres et plus de diamètre, on peut fabriquer les rivets à froid ; au-delà, il faut les chauffer.

Les opérations pour la fabrication d'un rivet sont au nombre de deux :

> Le coupage de longueur.
> Le forgeage de la tête.

Pour couper les rivets, il suffit d'avoir, sur une enclume, une *tranche* A et une pièce B (pl. 4, fig. 25) situées à une distance suffisante. On place la barre C sur la tranche, de manière à ce que son extrémité touche la pièce B ; puis on donne un coup de marteau qui la coupe à moitié.

On peut en achever la séparation ou faire des coupes successives sur toute la longueur de la barre : c'est ce dernier moyen que l'on préfère. Alors on dispose l'obstacle B de manière que, tout en indiquant la longueur, il n'empêche pas l'avancement de la barre.

Pour forger la tête du rivet, on a une enclume ou *bombarde,* pl. 4, fig. 8, 9, de 0m.60 à 0m.70 de hauteur, en fonte, évidée dans le milieu et reposant inférieurement sur une chabotte en bois.

Le vide du milieu est occupé supérieurement par un *clouière,* inférieurement par un *chasse-clou* de hauteur variable, suivant la longueur que l'on veut donner aux rivets.

Ce chasse-clou est mis en mouvement au moyen du levier A, sur lequel frappe le forgeron quand son rivet est fait.

Série des rivets. Voir les types A, B, C, D, E, pl. 19, fig. 5, 6, 8, 9, 11.

Rivets à tête cylindrique.

a.	10	12	14	16	18	20	23
b.	16	19	23	26	28	32	37
c.	4	5	7	7	8	9	18

Rivets à tête conique.

a.	16	18	20	23
b.	32	36	40	46
c.	12	13	15	17
d.	6	6	7	8

Rivets à tête sphérique.

a.	10	12	14	16	18	20	23
b.	18	21	23	25	30	34	39
c.	7	8	10	11	12	14	16

Rivets à tête fraisée.

a.	8	10	12	15	18	20	23	25	28	30
b.	14	16	20	24	28	32	36	40	44	48
c.	3	4	5	6	7	8	9	10	11	12
d.	2	2	2	3	3	4	4	5	6	6

Rivets de chaudronnerie pour poutres et charpente.

a. . . .	5	7	8	9	10	11	12	13	14	15	16	17	18	19	20	21	22	23	24	25
b. . . .	8	11	13	14	16	17	19	21	22	25	26	27	29	31	32	34	35	37	38	40
c. . . .	3	4	4	5	5	6	7	7	8	8	9	9	10	10	11	12	12	13	13	14

TABLEAU *donnant la série des rivets assemblant des feuilles des tôles, pour générateurs et réservoirs de vapeur*, pl. 19, fig. 3, 4, 7, 10.

a	b	c	d	e	f	g	h	i	j	k	l	m	n
3	12	28	44	42	46	16	22	50	11	11 ½	20	20	6
3 ½	»	»	»	»	»	»	»	»	»	»	»	21	»
4	»	»	»	»	»	»	»	»	»	»	»	22	»
4 ½	»	»	»	»	»	»	»	»	»	»	»	23	»
5	15	38	48	46	50	20	24	68	14	14 ½	24	25	8
5 ½	»	»	»	»	»	»	»	»	»	»	»	27	»
6	»	»	»	»	»	»	»	»	»	»	»	28	»
6 ½	»	»	»	»	»	»	»	»	»	»	»	29	»
7	17	38	54	52	59	24	27	78	16	16 ½	28	38	9
7 ½	»	»	»	»	»	»	»	»	»	»	»	33	»
8	»	»	»	»	»	»	»	»	»	»	»	34	»
8 ½	»	»	»	»	»	»	»	»	»	»	»	36	»
9	19	44	60	57	58	28	30	88	18	18 ½	32	38	10
9 ½	»	»	»	»	»	»	»	»	»	»	»	39	»
10	»	»	»	»	»	»	»	»	»	»	»	40	»
10 ½	»	»	»	»	»	»	»	»	»	»	»	41	»
11	21	50	68	63	77	32	33	98	20	20 ½	32	44	11
11 ½	»	»	»	»	»	»	»	»	»	»	»	45	»
12	»	»	»	»	»	»	»	»	»	»	»	46	»
12 ½	»	»	»	»	»	»	»	»	»	»	»	47	»
13	23	58	72	68	89	34	36	106	22	22 ½	36	50	12
13 ½	»	»	»	»	»	»	»	»	»	»	»	51	»
14	»	»	»	»	»	»	»	»	»	»	»	52	»
14 ½	»	»	»	»	»	»	»	»	»	»	»	53	»
15	25	62	78	74	100	30	39	114	24	24 ½	41	55	13
16	»	»	»	»	»	»	»	»	»	»	»	57	»
17	28	68	84	79 ½	113	38	42	122	27	27 ½	44	62	14
18	»	»	»	»	»	»	»	»	»	»	»	64	»
19	30	74	90	85	125	40	46	130	29	29 ½	48	68	15

La tête du rivet est faite, soit au marteau à main, soit au mouton, que l'on soulève à bras d'hommes ou au moyen d'une transmission de mouvement.

M. Lemaître est un des premiers qui, en France, ait employé la machine à faire les rivets. Sa machine est représentée pl. 4, fig. 16. A est un cylindre à vapeur ; B un levier servant à comprimer la boute-rolle C sur la tête du rivet ; D une clouière circulaire mobile à dix ou douze trous, et remplie d'eau pour ne pas s'échauffer ; E un chasse-clou mis en mouvement par le levier B, de telle manière que, quand le dernier relève la bouterolle qui vient de faire la tête, le rivet est soulevé hors de son trou.

Cette machine fonctionne très-vite et n'emploie qu'un ouvrier et un gamin. L'ouvrier fait mouvoir le tiroir du cylindre à vapeur et fait tourner la clouière ; le gamin place des bouts de rivets dans la clouière et souffle le feu de la petite forge qui sert à les chauffer.

Nous allons indiquer, après quelques nouvelles considérations générales sur la fabrication des rivets, une machine récente destinée à leur fabrication et due à M. Sayn, ingénieur-constructeur, 16 rue Popincourt, à Paris.

La fabrication des rivets a pris de nos jours un développement extraordinaire, par suite des grands travaux de charpente et de chaudronnerie. Aussi, n'aurait-on pu jamais suffire à une aussi grande consommation avec les anciens procédés à la bombarde, dont nous avons dit quelques mots au commencement.

Les rivets se font à froid ou à chaud. La qualité du métal recommandé pour les chaudières est en fer de bonne qualité à grains. On fait aussi, mais rarement, des rivets en acier pour tôles d'acier.

Voici le poids d'un cent de rivets :

100 rivets, ayant 0.003 de diam. et 0.025 de long., pèsent 1.05

—	0.009	—	0.025	—	2
—	0.010	—	0.030	—	2.50
—	0.011	—	0.030	—	3 40
—	0.012	—	0.035	—	4.50
—	0.013	—	0.035	—	6
—	0.014	—	0.040	—	7
—	0.015	—	0.040	—	9
—	0.016	—	0 045	—	10
—	0.017	—	0 045	—	11
—	0.018	—	0.050	—	14
—	0.019	—	0.053	—	16
—	0.020	—	0.060	—	19
—	0.022	—	0.065	—	26
—	0.023	—	0.071	—	30

Les prix sont les suivants :

100 kil. de 0.020 à 0.023 de diam. 12 à 14 fr., suiv. la quantité.

—	0.018 à 0.019	—	15 à 17	—
—	0.016 à 0.017	—	17 à 20	—
—	0.014 à 0.015	—	24 à 27	—
—	0.012 à 0.013	—	30 à 35	—
—	0.010 à 0.011	—	40 à 45	—
—	0.008 à 0.009	—	50 à 60	—

Le déchet est d'environ 10 p. 0/0, et le fer est supposé au prix de 25 à 28 fr. les 100 kilog.

Quant au mode d'assemblage des feuilles, nous en avons donné tous les éléments.

La fabrication d'un bon rivet consiste à le faire bon, beau, et économiquement. La première opération consiste, pour les rivets qui ne se font pas à froid, dans le chauffage du fer au blanc non suant. Ce chauffage, pour rivets ayant moins de 10 centimètres de longueur, se fait en barres dans un four à réverbère; pour rivets au-dessous de 14 millimètres de diamètre, il se fait dans un petit four rotatif, contenant deux tubes réfractaires dans lesquels on met une certaine quantité de bouts, coupés d'avance.

Pour des rivets plus longs, on se sert d'un four également rotatif, à lanterne.

Pour couper convenablement les rivets, il est recommandé de se servir de lames en $\wedge$ de préférence aux lames circulaires qui donnent une entaille biaise.

Les rivets doivent toujours venir avec une petite bavure qui indique que la tête a été bien nourrie. Pour que la fabrication soit régulière, il faut, avant de se servir des barres, avoir bien soin de les calibrer, en écartant celles qui n'auraient pas le diamètre et donneraient lieu à une insuffisance de matière.

Les rivets, une fois frappés, et avant d'être livrés, sont généralement ébarbés, à l'aide d'une petite machine spéciale.

On doit former la tête du rivet par pression constante ou par percussion. Ce dernier mode est de beaucoup préféré par certains praticiens.

Le plus grand inconvénient des machines à faire les rivets consiste principalement dans la sortie du rivet une fois formé, opération qu'on appelle le *déchassage* et qui est presque la cause unique du bris des plus fortes pièces.

Il a paru difficile aux gens du métier de pouvoir faire cette opération mécaniquement, et nous verrons que dans la machine que nous allons décrire et qui est une des meilleures du genre, le déchassage se fait à la pédale.

Cette machine, pl. 19, fig. 1 et 2, est de MM. Poulot et Sayn, ce dernier constructeur à Paris, 16, rue Popincourt.

Elle est simple de formes, d'une facile installation, d'une manœuvre commode ; les emmanchements sont très-solides, et toutes les articulations faciles à lubréfier.

Lorsque l'ouvrier veut frapper un rivet, il ramène à l'aide du levier l le disque d contre le plateau p. Celui-ci, monté sur une vis à trois filets et à très-long pas, descend alors d'autant plus rapidement, que son point de contact avec le disque s'éloigne du centre de ce disque, et qu'il est sollicité par la gravité : ce qui permet de frapper un coup d'une très-grande activité. Le levier l étant abandonné, les contre-poids m ramènent le disque d' contre le plateau p, et celui-ci remonte alors jusqu'aux galets d'arrêt g, après avoir suffisamment prolongé la percussion pour assurer aux pièces un relief parfait par leur refroidissement.

On peut voir, particulièrement dans la figure, le mode de déchassage et celui qui sert à régler, avec une exactitude rigoureuse, la hauteur du *bonhomme*.

Lorsque la machine comporte une cisaille destinée à couper les barres chauffées, et que les rivets n'ont pas une longueur de plus de 0,120, son prix est de 7,000 fr. Quand les rivets doivent être plus longs, ou que leur diamètre est petit, ils sont coupés à une cisaille spéciale dont le prix est de 1,600 fr., et la machine simple à faire les rivets n'est plus que du prix de 4,000 fr.

Ce même constructeur construit des machines à fabriquer les rivets de petit diamètre, à froid, ainsi que des machines à ébarber rapidement les rivets, avant de les livrer, aux prix respectifs de 1,400 fr. et 1,000 fr.

ASSEMBLAGE PROPREMENT DIT.

On distingue deux modes d'assemblage au moyen des rivets :

Assemblage à joints superposés,
Assemblage bout à bout.

L'assemblage à joints superposés, pl. 4, fig. 18, s'emploie généralement pour les chaudières à vapeur et pour toutes les pièces de chaudronnerie où on ne tient pas à cacher les joints.

Il y a deux manières de comprendre le joint superposé. Ou les feuilles sont parallèles les unes dessus, les autres dessous ; ou elles sont dans le même prolongement, ou enfin, dans le cas de viroles, elles sont légèrement coniques et s'emmanchent les unes dans les autres, dans le même sens.

L'assemblage bout à bout, pl. 4, fig. 19, s'emploie toutes les fois que le travail de la chaudronnerie doit avoir un aspect extérieur régulier et propre ; il est même des cas où on pousse le soin jusqu'à faire disparaître entièrement les têtes des rivets en les noyant dans la tôle, pl. 4, fig. 20.

Ce mode d'assemblage n'est pas seulement dicté par le meilleur aspect à donner au travail. Il est le plus souvent commandé par des nécessités de fabrication. Les grandes chaudières plates ou *poêles*, qui servent à la fabrication du sel raffiné, ont leur surface intérieure aussi lisse que possible, pour que l'on puisse parfaitement bien râcler les dépôts et empêcher les incrustations.

Un troisième assemblage, dérivant du second et fort employé jadis pour les chaudières dites de Watt, est l'assemblage à cornières, pl. 4, fig. 21, qui s'emploie dans la construction des réservoirs, poutres, etc.

Quel que soit le mode d'assemblage employé, l'opération du rivetage, c'est-à-dire l'aplatissement du rivet pour former la tête conique, est toujours la même, seulement elle s'effectue au marteau ou à la machine.

Au marteau, l'opération est simple : un gamin chauffe des rivets qu'il passe, au fur et à mesure des besoins, à un autre gamin placé dans l'intérieur de la chaudière où se fait l'assemblage des feuilles. Ce dernier prend les rivets avec une pince et les passe dans les trous d'assemblage, après quoi il remet le tas qu'il appuie contre la tête du rivet à l'aide d'une barre de bois faisant levier. Quelquefois il *tient le coup* ou *fait contre-coup* directement en tenant le *tas* à la main. Deux ouvriers riveurs, placés de chaque côté de la chaudière, frappent sur la tête et dirigent leurs coups redoublés de manière à lui donner la forme d'un cône.

A la machine, le travail se fait plus promptement, mais les machines ne sont employées que dans les grands ateliers à cause de leur prix élevé, et aussi parce qu'elles ne peuvent river que des bordures ou viroles courantes et de faible longueur. Pour une trop grande longueur, et en raison de la pression exercée, le point d'appui ou *tas* fléchirait. Nous indiquerons toutefois, pl. 3, fig. 15, une disposition adoptée par M. Lemaître, où le tas, appuyé par ses deux extrémités, ne peut fléchir.

Nous allons décrire successivement les diverses machines qui sont employées aujourd'hui pour la rivure mécanique.

Les figures 12, 13, pl. 3, représentent une machine à river mécanique, mise en mouvement par une courroie et des engrenages.

La chaudière est suspendue verticalement à une grue; les rivets sont passés chauds dans les trous d'assemblage et placés entre deux bouterolles, qui les compriment fortement et forment d'un seul coup la seconde tête.

Une petite manivelle **M** fait mouvoir une vis qui règle le serrage, suivant l'épaisseur des feuilles et la longueur des rivets avant l'abattage de la seconde tête.

Les figures 23, 24, 25, 26, pl. 3, représentent une machine à river du même système, mais à cylindre à vapeur à simple effet, qui fut présentée par l'établissement du Creusot à l'exposition de 1844.

Le serrage se fait au moyen d'un genou, ce qui le rend infiniment plus efficace que celui de la machine précédente.

La figure 14, pl. 3, représente la machine à river qu'emploie M. Lemaître, dont nous avons déjà parlé. Cette machine diffère des précédentes en deux points principaux :

1° La chaudière est horizontale ; 2° au lieu d'une bouterolle, il y en a deux : l'une extérieure *a*, servant à serrer les feuilles de tôle l'une contre l'autre ; l'autre intérieure *b*, servant à faire la tête du rivet quand la première bouterolle serre.

Cette machine est de beaucoup supérieure aux autres par cette seule disposition, attendu que le serrage des feuilles est le point capital pour rendre les joints étanches. M. Lemaître, pour démontrer l'efficacité de son procédé, a fait des coupes dans des

rivures de chaudières exécutées par l'autre procédé
et par le sien. La figure 22, pl. 4, représente la coupe
d'une rivure par le procédé de simple pression ; la
figure 23, pl. 4, représente la coupe d'une rivure par
le procédé de double pression.

Quant à la position de la chaudière, il serait difficile de dire laquelle des deux est la préférable. Il est
certain que, quand la chaudière acquiert une grande
longueur, la position verticale est non-seulement
difficile à obtenir, mais encore dangereuse ; en re-
vanche, il est vrai, elle rend la manœuvre très-facile,
tout le poids de la chaudière étant supporté par la grue.

Les trois machines dont nous venons de parler ne
peuvent être employées à river qu'autant que la longueur des feuilles à assembler ne dépasse pas celle
de l'arbre en fer, dont l'extrémité fait contre-coup
sur la tête du rivet pendant le bouterollage de l'autre
extrémité ; or cette longueur ne dépasse pas un mètre
à un mètre et demi.

La figure 15, pl. 3, représente une machine à river
imaginée par M. Lemaître, pour agir sur toute espèce
de longueurs de tôles. Nous l'avons déjà indiquée.

Elle diffère des autres en ce que son arbre A est
perpendiculaire au plan du mouvement de la machine. Cet arbre, qui est légèrement conique, est fixé
par une de ses extrémités seulement dans un massif
en maçonnerie ; sa longueur est de quatre mètres
environ ; il est en fonte et creux.

Comme il serait très-difficile d'introduire les rivets
par l'intérieur du cylindre en tôle, surtout si son diamètre est petit, c'est par l'extérieur qu'on l'introduit
en gardant la tête en dehors ; alors le bouterollage
se fait intérieurement.

La bouterolle en acier B, placée à l'extrémité de l'arbre en fonte, est montée sur deux coins qui permettent de la soulever ou de l'abaisser à volonté. Comme cette machine ne sert pas aussi souvent que l'autre, c'est à la main qu'elle se manœuvre.

La chaudière est supportée par une grue C, munie d'un chariot D portant des moufles E.

CHAPITRE VII.

Mattage.

Le mattage comprend la série des opérations qui ont pour but de terminer complétement l'assemblage des feuilles. Il consiste à refouler toutes les bavures dans les vides qui existent derrière elles, afin de boucher les fentes qui pourraient avoir lieu. Il s'opère aussi bien pour les rivets que pour les feuilles de tôle.

On comprend également le *chanfreinage* des contours des feuilles, pour donner aux assemblages un aspect plus homogène.

Les opérations du mattage ont été quelque peu supprimées par les nouveaux procédés d'assemblage des feuilles. Chez M. Lemaître, on se piquait de ne pas toucher aux chaudières une fois les rivets posés : ainsi on laissait les rivets tels que la machine les avait rendus, avec ou sans déchirures au contour, peu importe ; on ne chanfreinait pas non plus les bords des feuilles.

Nous considérons toutefois un bon mattage comme le complément indispensable d'une bonne rivure.

DEUXIÈME PARTIE
APPAREILS DE CHAUFFAGE.

—◦◦◦—

LIVRE PREMIER

CUISSON.

———

CHAPITRE PREMIER.

De quelques appareils pour la cuisson et la conservation des aliments.

La cuisson des aliments s'effectue dans une infinité d'appareils dont les formes et dimensions varient suivant la nature de l'objet à cuire, et la quantité de matière alimentaire qu'il faut cuire à la fois.

Ces appareils sont tantôt en *cuivre rouge*, tantôt en *fer*, tantôt en *fer-blanc*, tantôt en *fonte*.

Les appareils en cuivre et en fer sont toujours recouverts intérieurement d'une couche d'étain; ceux en fer sont même étamés extérieurement, et portent le nom d'ustensiles de ménage en *fer battu*.

Les appareils en fer battu diffèrent de ceux en fer-blanc par la manière dont ils sont confectionnés. Les premiers s'obtiennent, comme nous l'avons indiqué, au moyen du laminoir et du balancier; la tôle non

étamée est emboutie successivement dans plusieurs
matrices dont le creux, d'abord très-peu sensible chez
la première, va sans cesse en augmentant, jusqu'à la
dernière, qui affecte la forme exacte que doit avoir
la pièce. Les seconds, au contraire, sont fabriqués avec
le fer-blanc, contourné absolument de la même manière que pour la fabrication des chaudières avec la
grosse tôle, puis soudé aux arêtes de jonction.

De tous les ustensiles de ménage, ceux en cuivre
sont plus spécialement du domaine de la chaudronnerie. Les autres sont plutôt du ressort des industries
suivantes :

Fabrication du fer battu.
Ferblanterie. (Voyez le *Ferblantier-Lampiste.*)
Fonderie du fer. (Voyez le *Maître de Forges.*)

Du fer battu.

Nous avons examiné, au cours de notre étude, les
diverses façons que l'on fait subir aux ustensiles de
cuivre.

Presque tous les moyens applicables à la chaudronnerie de cuivre s'appliquent à la chaudronnerie
en fer battu qui a pris de nos jours un si grand développement, principalement dans l'Est. Car c'est
dans notre malheureuse Alsace, aujourd'hui brutale-
ment arrachée de nos bras, qu'est née cette industrie.

La maison Japy frères, dont nous allons donner les
principaux types de ses objets en fer battu, avec un
prix-courant détaillé de ces mêmes objets, est une
des plus considérables ou plutôt la plus considérable
de la France. Le prix que nous indiquons se rapporte
au plus petit objet dont cette maison confient tout

une série, cet objet étant considéré comme *étamé*. Il varie suivant que l'ustensile est seulement verni ou émaillé, décoré simplement ou enfin décoré riche.

Pour une application générale à tous les usages, et pour sa longue durée, le fer destiné aux ustensiles en fer battu ne doit pas seulement être d'une excellente qualité, provenant généralement de fonte au bois, mais il devra être parfaitement étamé, avant ou après la façon, le plus souvent après, par suite de l'altération que subirait l'étamage pendant la façon.

Le fer battu peut être *battu*, martelé, rétreint, étamé, soudé, rivé et repoussé, absolument à la manière du cuivre, mais avec une malléabilité moindre que pour ce métal, ce qui ne permet pas d'atteindre des reliefs aussi saillants.

Nous donnons, pl. 5, fig. 13 à 60, et pl. 6, fig. 1 à 54, une variété d'ustensiles, généralement de ménage, avec leurs prix respectifs, tout en faisant remarquer que ces prix sont sujets à variations.

Arrosoir d'appartement, 0^m.10, étamé. . . .	0 f.	60 c.
Assiette coqueret, plate, ordinaire, 0.15, étamée.	0	25
Assiette coqueret creuse, 0.15, étamée.	0	30
Assiette à soupe, forme balance, 0.12, polie étamée.	0	18
Bain de pieds rond, 0.31, étamé.	4	80
Bain de pieds ovale, 0.31, étamé.	4	80
Bain de pieds ovale, à chauffeur, 0.31, étamé.	7	20
Bain-marie embouti, 0.06, étamée.	0	50
Bassin évasé, 0.10, étamé.	0	35
Bassin ordinaire, 0.12, poli étamé.	0	90
Bassinoire bronzée à braise, 0.24.	3	00

Bassinoire à eau chaude, 0.23, étamée. . . . 4 f. 80 c.

Bassine fond rond, 0.14, étamée. 0 50

Bassine bord droit, dite lyonnaise, 0.18, étamée. 0 90

Boîte à asperges avec couvercle, 0.24 sur 0.16,
ordinaire. 3 00

Boîte à café, 0.08, étamée. 0 25

Boîte carrée ou braisière d'Alsace, à 3 fr. le kilogramme.

Boîte à côtelettes, couvercle noir, 0.20. . . . 1 60

Boîte à lait d'une tasse ou 2 décilitres. . . . 0 55

Boîte à thé carrée, étamée. 1 20

Boîté carrée ou cassette avec serrure, 0.16, vernie. 2 90

Boîte carrée à sucre avec moraillon, 0.14, étamée. 1 60

Boîte à eau chaude carrée.

Boîtes à épices, 0.12, étamées. 0 90

Bol à punch poli étamé, 1/4 de litre. 0 55

Bouilloire ordinaire étamée polie, 1/2 litre. . . 1 90

Bouilloire à sac de 4 à 12 litres, à 3 fr. le kilogramme. . . . .

Bouillotte, anse en osier, 1/2 tasse. 0 65

Bouillotte sans pieds à bec de bouilloire, 1/2
tasse. 0 95

Boule à eau ronde, 0.23, étamée. 3 00

Boule à eau ovale, 0.30, étamée. 1 50

Boule à riz, 0.08. . . . . 0 70

Bougeoir sans coulisse uni verni, 0.04. . . . 0 50

Bougeoir sans coulisse festonné verni, 0.06. . 0 50

Bougeoir à cuvette ronde étamé ou verni, 0.08. 0 60

Bougeoir, cuvette évasée,   —   , 0.10. 0 80

Bougeoir, cuvette conique,   —   , 0.10. 0 80

Broc bombé étamé, 2 litres. 2 90

Broc conique étamé, 3 litres. 3 00

Brochette à anneaux pour oiseaux, 0.20, le cent. 4 20

Brûloir à café à manche, 0.12. . . . . 0 95

Brûloir à café à manivelle long, 0.16.. . . . . 3f. 50 c.
Brûloir à café cylindrique long, 0.12.. . . . . 0 95
Brûloir à café anglais, 0.20. . . . . 4 00
Brûloir à café à volant long, 0.22. . . . . . 3 20
Brûle-bouts à 1 pointe, étamé ou verni.. . . . 0 12
Burette à huile, 1/2 litre,   —   . . . 1 20

Cafetière à pieds fond rond, bec ordinaire,
    1 tasse étamée.. . . . . 0 95
Cafetière à pieds fond rond, bec de bouilloire,
    1 tasse étamée.. . . . . 1 20
Cafetière à servir, 1 tasse étamée. 1 00
Casse d'Alsace polie sans queue, 0.10, le kilo-
    gramme.. . . . . 1 80
Casse d'Alsace polie à queue, 1.10, le kilog. . 1 80
Casse forme casserole cylindrique avec rebord,
    le kilog. 1 80
Casse forme casserole cylindrique avec rebord,
    0 fr. 50 le kilog. en sus.
Casse d'Alsace profonde, fond large sans rebord,
    le kilog. 1 80
Casse d'Alsace profonde, fond large avec rebord,
    0 fr. 50 en sus.
Casse d'Alsace demi-creuse sans rebord, le ki-
    logramme. 1 80
Casse à omelette sans rebord, le kilog. . . . 1 80
Casse à omelette avec rebord, le kilog. . . . 1 80
Casserole ovale bordée, 0.22, étamée.. . . . 1 45
Casserole à queue, 0.08, étamée. 0 35
Casserole basse de bord, 1.10, étamée. . . . 0 48
Casserole à bec, 0.10, étamée. 0 55
Casserole avec couvercle à cuire le lait, 0.13,
    étamée.. . . . . 1 55
Casserole à sauter, 0.16, étamée. 0 90
Casserole bombée, 0.08, étamée.. . . . . . 0 25
Casserole d'Allemagne, 0.20, étamée.. . . . 1 50

Casserole pour potager à rebord haut, 0.16, étamée. . . . . 1 f. 75 c.

Casserole pour potager à rebord bas, 0.16, étamée. 1   75

Chandelier cuvette ronde, haut. 0.14, verni ou
étamé. 0   75

Chandelier cuvette ovale, haut. 0.14, verni ou
étamé. 0   95

Chandelier cuvette fondue, haut. 0.14, verni ou
étamé. 0   85

Chandelier pied bombé en fonte, haut. 0.14,
verni ou étamé. 0   75

Chaudron ordinaire, 0.14, étamé. 0   75

Chaudron droit, 0.14. 0   50

Chaufferette étamée et bronzée, 0.22 sur 0.16,
étamée. 2   20

Chaufferettes festonnées, étamées ou bronzées,
0.22 sur 0.16. 2   25

Chocolatière sans pieds, 1 tasse étamée. . . . 0   60

Chocolatière, forme bouillotte, 1 tasse. . . . 0   70

Chocolatière à pieds, une tasse. 0   80

Coquelle sans pieds polie, 0.12. 0   60

Coquelle à pieds polie, 0.12. 0   75

Coquemar, fond plat, 1 litre.. 2   25

Coquemar à sac, le kilog. 3   00

Coquetier verni ou étamé poli. 0   12

Coupe-pâte, 0.10. 0   40

Coupe pommes de terre ordinaire.. 0   30

Coupe pommes de terre à spirale. 0   80

Coupe lyonnaise sans queue.. 0   25

Coupe lyonnaise avec queue égale.. 0   35

Coupe lyonnaise à queue double, 0.16. . . . 0   55

Coupe lyonnaise à queue triple, 0.16.. . . . 0   75

Coupe du midi légère, bordée, à queue, 0.10. . 0   22

Coupe ovale renforcée, 0.24. 0   70

Couvercle pour tourtière noir, 0.24. 1   20

Couvercle à rebord uni ou frisé, noir, à queue,
0.16. . . . . 0 f. 40 c.
Couvercle de casserole étamé, à queue, 0.10. . 0 15
Couvercle de moule à charlotte, étamé, 0.10. . 0 20
Crachoir étamé ou verni. 1 50
Crachoir évasé décoré. 1 80
Crachoir hygiénique uni avec cassolette.. . . 5 00
Crachoir hygiénique festonné, verni, sans cas-
solette.. . . . . 5 10
Crachoir égyptien avec couvercle émaillé blanc. 2 00
Crachoir triangulaire verni couleur bois.. . . 1 50
Crochet de boucher étamé, un anneau. . . . 0 10
Crochet de boucher en fil de fer étamé, 0.33. . 0 25
Cruche à eau à bec de bouilloire, étamée, 4 li-
tres. 4 80
Cruche à eau évasée, étamée, 4 décilitres. . . 1 00
Cruche à lait ordinaire, étamée, 6 décilitres. . 1 25
Cuillère à arroser droite. 0 38
Cuillère à arroser de côté. . . . . » »
Cuillère à arroser à deux becs. . . . . . . » »
Cuillère à arroser percée droite ou sur côté. . » »
Cuillère à arroser, manche creux.. . . . . 0 20
Cuillère à ragoût ordinaire. 0 35
Cuillère à ragoût, manche creux. 0 25
Cuillère à punch, manche à crochet. 0 40
Cuillère à punch, manche rond. 0 40
Cuillère à punch à deux becs, unie. 0 60
Cuillère à punch à côtes. 0 70
Cuillère à beurre ou à graisse, manche de 0.20. 0 18
Cuillère à sucre percée, étamée, de 0.55.. . . 0 75
Cuillère à fruits étamée. 0 90
Cuillère à pot, 0.07, étamée, manche creux ou
plat. 0 22
Cuit œufs étamé, quatre œufs. 2 40
Cuvette sans pied à anneau, emboutie, étamée,
0.20. . . . . 0 75
Cuvette à pied, emboutie, étamée, 0.24. . . . 1 30

Cylindre à chauffer les pieds. . . . . 2 f. 50 c.
Cylindre à eau chaude, modèle chemin de fer,
   0.30. . . . . 3 30

Daubière bordée avec couvercle ordinaire, étamée, 0.22. . . . . 1 45
Douille d'entonnoir, 0.08. . . . . 0 22

Ecuelle à anses ou à oreilles polies, 0.08. . . 0 25
Ecumoire ordinaire de 0.06. . . . . 0 21
Ecumoire demi-creuse de 0.08. . . . . 0 30
Ecumoire creuse, forme louche de 0.08. . . . 0 30
Ecumoire bordée ou non bordée, légère, de 0.08. 0 22
Eteignoir étamé ou verni à anse, la dizaine. . 1 00
Entonnoir sphérique embouti de 0.10. . . . 0 35
Entonnoir conique, ordinaire et à filtre, de 0.10. 0 30
Entonnoir embouti à filtre de 0.10.. . . . . 0 40

Fer à gratiner bronzé. 0 90
Fontaine à laver les mains, ovale, vernie, hau-
   teur 0.24. . . . . 4 80
Fontaine à cuvette ovale vernie, haut. 0.20.. . 4 00
Fontaine à facettes vernie, haut. 0.24.. . . . 5 40
Four de campagne noir, 0.20. . . . . 2 15

Gamelle militaire avec couvercle et chaînette,
   1 l. 3/10. . . . . 1 20
Gamelle militaire sans couvercle. 1 00
Gamelle avec compartiment. 2 65
Grappin à 2 dents étamé, 0.25. . . . . . . 0 30
Grappin à 3   —   , 0.30. . . . . 0 50
Gril côtelettes sans fumée, carré, étamé, 0.20.. 1 20
Gril côtelettes à barres creuses, étamé, 5 bar-
   res.. . . . . 0 70
Gril à barres doubles étamé, 6 barres. . . . 1 10

Jambonnière sans pieds, 0.32. . . . . . . 4 00

Lampe à balançoire.. . . . . 1 10

Lampe à bascule, pied cannelé, à 2 becs. . . . 0 f. 95 c.
Lampe à bascule, pied cannelé, à pignon. . . 1 20
Lampe à bascule, cuvette unie, sur 1 colonne. . 1 50
— — 2 colonnes. 1 50
Lampe à bascule, pied bombé, à pignon, mèche
plate. 1 50
Lampe à bascule, pied bombé, à 2 becs. . . . 1 50
Lampe de cuisine. 0 75
Lampes sans pignon ni bascule, mèche ronde. 0 60
Lampe de mineur, 0.11. . . . . 1 50
Lampe d'atelier avec brucelles, étamée, long.
0.09. . . . . 0 50
Lampe de boulanger, 0.95. . . . . 0 50
Lampe de tisserand avec couvercle. 0 60
Lampe de lanterne, 65 mill. diamètre. . . . 0 30
Lampe à ognon, à douille, mèche ordinaire,
55 mill. 0 45
Lampe à ognon, à douille, mèche plate. . . . 0 60
Lave-main rond, à bec, 0.11. . . . . 0 60
Lèchefritte carrée, étamée à queue ou à anse,
0.28. . . . . 1 30
Lèchefritte ovale, 0.28. . . . . 0 95
Louche ordinaire polie, 0.08 . . . . 0 40
Louche manche creux polie, 0.095. . . . . 0 35

Marabout, une tasse. 0 75
Marmite bombée, fond large, étamée, 1 litre. . 1 30
Marmite bombée, fond étroit, étamée, 1/4 de
litre. 0 75
Marmite droite, 0.08 diam., emboutie. . . . 0 80
Marmite de campagne, 0.20, pour une personne. 9 00
Marmite à rebord, pour potager, le kilog. . . 3 00
Moules à beignet bronzé. 1 10
Moule à champignon bronzé. 1 10
Moule à charlotte, 0.10. . . . . 0 75
Moule à pudding, 0.10. . . . . 0 50

Panier à fruits verni. 1 50

Panier à pain uni, PM, verni	1 f. 60 c.
Panier à pain, festonné ou uni, verni. . . .	1 70
Panier à verres, étamé, 6 places.	1 80
Passe-bouillon, toile métallique, 0.08. . . .	0 40
Passe-bouillon à trous, 0.10.	0 30
Passe-lait, 0.12.	0 75
Passoire ordinaire, 0.12.	0 60
Passoire bombée, légère, 0.08.	0 30
Passoire sphérique, à queue, 0.12..	0 60
Passoire sphérique, à anses et à pieds, 0.16. .	1 20
Passoire à herbes, 0.24.	1 80
Pelle à braise, sans couvercle, noir brillant, 0.16.	0 60
Pelle à braise, avec couvercle, noire, 0.18. . .	1 10
Pelle à charbon ordinaire, 0.24..	1 10
Pelle à charbon, à recouvrement.	1 50
Pelle à chenil ovale, emboutie, étamée, 0.14. .	0 90
Pelle à chenil agrafée, étamée, 0.16.	0 40
Pelle à farine, 0.16.	0 35
Pelle à tabac, avec manche en bois, 0.12. . .	0 30
Pelle à tabac, à poucette, 0.12.	0 25
Pelle à gâteau ou à poisson.	0 85
Pince à bouchon..	0 25
Pince de pâtissier.	0 30
Plaque à gâteau, bord droit, étamée, 0.20. . .	0 40
Plaque à gâteau, bord renversé, étamée, 0.22.	0 50
Plateau limonadier, rond, étamé poli, 0.22.. .	0 40
Plateau limonadier, carré, verni ou étamé, 0.22.	0 45
Plateau limonadier, ovale, étamé, 0.40. . . .	1 30
Plat à barbe, rond, étamé, 0.22..	0 70
Plat à barbe, ovale, étamé, 0.28.	1 10
Plat à escargots ou *escargotière*, 18 places.. .	1 90
Plat à œufs, étamé, 3 places..	1 20
Plat rond, à anses ordinaires ou renversées, étamé, 0.10.	0 25
Plat bombé, étamé, à anses, 0.10.	0 18
Plat coqueret, creux, étamé, 0.24.	0 80

Plat rond, à queue, étamé, 0.12. . . . . . . 0 f. 35 c.
Plat bombé à queue, 0.12.. . . . . 0 22
Plat à crème, étamé et poli, 0.22. . . . . . 0 70
Plat long, à anses, étamé, 0.35.. . . . . . 1 20
Plat ovale, à anses, 0.24, étamé. 0 60
Plateau de balance ordinaire, étamé, 0.14. . . 0 25
Plateau de balance plat, pour boucher, étamé,
  0.18. . . . . 0 45
Plateau de balance, pour sel et farine, 0.19,
  0.24, étamé. 0 90
Plateau de balance carré, 0.20. . . . . . . 0 80
Plateau à sucre, étamé, poli, 0.04.. . . . . 0 04
Plateau à sucre, à pied, étamé, poli, 0.07. . . 0 30
Pochon ordinaire, étamé, 0.07. . . . . . . 0 30
Pochon à bec, 0.07. . . . . 0 30
Poêle à marrons, noire, 0.20. . . . . 0 55
Poêlon bordé, étamé, 0.12 diam., à queue. . . 1 20
Poissonnière ordinaire, 0.30.. . . . . 1 80
Poissonnière à marée, 0.35. . . . . 2 10
Pot à friture, 0.16. . . . . 2 40
Pot bombé, à une anse ou à une queue, 1/4
  litre. 0 75
Pot bombé, fond étroit, à une anse ou à une
  queue, 1/4 litre. 0 75
Pot à colle, étamé, à pieds, 0.06. . . . . . 1 20
Porte-bouteille, uni, verni, 0.15. . . . . . 0 25
Porte-fer à repasser, ovale, noir brillant. . . 0 60
Porte-fer à repasser, cannelé, double, noir
  brillant. 0 50
Presse-purée à main. 2 70
Puisoir à eau, à douille, 0.22. . . . . 2 30
Puisoir à eau, fond bombé, 0.18. . . . . . . 2 00

Râclette de boulanger, étamée. 0 30
Ramasse-couverts, verni, 0.38. . . . . . . 2 75
Râpe à sucre simple, à barrettes, 0.12. . . . 0 25
Râpe ronde, à pain ou chocolat, 0.12. . . . 0 50

Râpe demi-ronde, 0.12. . . . . 0 f. 45 c.
Réchaud à fumeur, bronzé, 0.08. . . . . . . 0 50
Réchaud à eau chaude ordinaire, étamé, 0.24. . 3 00
Réchaud à eau chaude soigné, étamé, 0.26. . . 4 20
Réchaud à braise rond, forme Médicis, étamé,
  0.20. . . . . 2 40
Réchaud à braise, rond festonné, étamé, 0.20. . 2 40
Réchaud à braise, ovale, étamé, 0.28. . . . . 3 30
Réchaud à braise, ovale festonné, étamé, 0.28. 3 30
Rôtissoire ordinaire, étamée, 0.35. . . . . . 6 00
Rôtissoire à bouts sphériques, étamée, 0.40. . 7 50
Roulette de pâtissier, étamée. 0 30

Seau à charbon noir, 0.26. . . . . 2 70
Seau d'antichambre, fond laiton, étamé, 0.22. . 4 00
Seau droit, fond laiton, étamé, 0.22. . . . . 3 00
Seau à gorge, fond laiton, étamé, 0.22. . . . 3 00
Seau à toilette, verni, 0.22. . . . . 5 70
Seau à incendie, à pied, noir brillant, 0.27 sur
  0.27, 13 litres. 4 50
Seau sans pied, dit californien, étamé ou verni,
  0.20. . . . . 1 90
Soupière sans pied ordinaire, étamée, 0.14. . 1 20
Soupière à pied soignée, étamée, polie, 0.14. . 1 45
Spatule unie ou percée, manche creux, 0.25. . 0 25
Sucrier étamé ou verni, 0.11. . . . . 1 00
Support pour cigares décoré. 0 40

Tamis cylindrique, à toile métallique, 0.10.. . 0 60
Tasse à café, 0.06. . . . . 0 25
Tasse évasée, étamée, polie, 0.08. . . . . . 0 30
Tasse ordinaire, à pied, étamée, polie, 0.08. . 0 25
Tasse fond étroit, étamée, polie, 0.08.. . . . 0 25
Tasse fond large, à anses ou à oreilles, étamée,
  polie, 0.08. . . . . 0 25
Timbale ou gobelet, étamée, polie, 0.055. . . 0 25
Tourtière avec couvercle, 0.24. . . . . . . 1 30

Turbotière, 0.40. . . . . 5f. 00 c.
Théière ovale, ordinaire, 2 tasses.. . . . . . 0 95
Théière ronde, ordinaire, 2 tasses.. . . . . . 0 95

Vase de nuit d'une seule pièce, étamé, 0.18. . 1 80
Vase de nuit cylindrique, étamé, 0.18. . . . 1 70
Veilleuse, étamée ou vernie, 0.07. . . . . . 2 10
Velte de 1/2 litre.. . . . . 1 30

Service à déjeûner, poli, se composant de :

Cafetière conique, à pied.. . . . . 2 00
Cafetière bombée, à griffes. 4 70

Sucrier festonné à pied. 1 80
Sucrier à griffes.. . . . . 4 75

Pot à lait, à pied. 1 65
Pot à lait, à griffes.. . . . . 3 00
Pot à crème, à pied.. . . . . 2 00
Pot à crème, à griffes.. . . . . 3 25

Théière à pied. 2 80
Théière à griffes.. . . . . 4 90
Tasse et soucoupe. 1 00

CHAPITRE II.

Cuissons diverses.

Parmi les substances solides que l'on soumet soit au chauffage, soit à la distillation, soit à l'évaporation dans des appareils métalliques, on peut citer :

Le soufre.
La tourbe.
Le bois.
La houille.
Le suif.

La cuisson de chacun de ces corps a été considérée dans l'édition précédente; nous ne lui trouvons pas assez de rapport avec l'art du chaudronnier pour la rééditer de nouveau, et nous renvoyons aux Manuels de l'*Encyclopédie-Roret* qui traitent séparément de chacune de ces matières.

LIVRE II

CONSIDÉRATIONS GÉNÉRALES.

Le chauffage des liquides s'effectue dans des appareils dont les formes et dimensions varient singulièrement, suivant le mode d'emploi des liquides à chauffer. Tantôt ce sont des chaudières de bains, tantôt des chaudières de lessives pour blanchir le linge; puis viennent les chaudières pour la fabrication du savon, les appareils culinaires au bain-marie.

Dans tous les cas, les vases dans lesquels s'effectue le chauffage sont métalliques. La chaleur est produite dans un foyer placé au-dessous, rayonnant le plus possible sur la paroi du vase, et produisant constamment de l'air chaud, qui circule tout autour du vase, de manière à lui communiquer, par contact, une partie de la chaleur qu'il contient. Cet air se rend ensuite à une cheminée d'appel qui, par son tirage, produit le renouvellement constant de la fumée et active la combustion.

Pour tous ces appareils, on admet qu'un mètre carré de surface de chauffe laisse passer, par heure, de 10 à 12,000 unités de chaleur, c'est-à-dire peut élever de 1 degré, en une heure, 10 à 12,000 kilo-

grammes d'eau, ou, de 100 degrés, 100 à 120 kilogrammes, et ainsi de suite.

On dispose les foyers de manière à pouvoir brûler
de 3 à 4 kilogrammes de houille, ou 7 à 8 kilogrammes de bois par mètre carré de surface de chauffe et
par heure : pour cela on donne à la grille, dans le
cas de houille, une surface de 5 décimètres carrés par
mètre carré de surface de chauffe.

C'est pour le chauffage des liquides que l'on a construit le plus d'appareils propres à utiliser la presque
totalité de la chaleur développée par le combustible.
A cet effet, on a construit des chaudières pour le
chauffage desquelles le tirage, au lieu de se faire
après la chauffe, a lieu, soit avant, soit pendant la
chauffe. Nous examinerons ces appareils.

§ 1. CHAUDIÈRES POUR BAINS.

Pour les dimensions de ces chaudières, voici quelques renseignements :

Une baignoire contient de 280 à 300 litres d'eau.
Cette eau, prise à 10° en moyenne, est partie employée
froide, partie chauffée à 100°, puis, par mélange,
amenée à la température de 30°.

C'est donc 20° de chaleur à communiquer à la
masse d'eau employée, c'est-à-dire 20 unités de chaleur à chaque kilogramme, et, pour 300 kilogrammes,
6,000 unités de chaleur par bain.

Or, comme 1 mètre carré laisse passer par heure
10,000 unités de chaleur au moins, si on admet qu'il
y a 4,000 unités de chaleur perdue par bain pour la
circulation de l'eau dans les tuyaux de conduite aux
baignoires, il en résulte qu'il faut 1 mètre carré de

surface de chauffe à la chaudière pour chaque bain à couler par heure. Cette donnée est peut-être un peu exagérée, mais on ne peut qu'y gagner en l'adoptant.

Les diverses formes des chaudières employées pour le chauffage de l'eau des bains sont les suivantes.

Fig. 4, pl. 7. Chaudière de bains à circulation intérieure. La fumée, s'échappant du foyer A, se rend au carneau transversal B, puis de ce carneau revient en avant par deux autres carneaux CC', pl. 7, fig. 6; arrivée au bout, elle monte et entre dans deux tubes intérieurs DD' qu'elle parcourt, puis entre dans les tubes EE', au sortir desquels elle se rend dans les cheminées FF', dans lesquelles le tirage a lieu, soit physiquement, soit mécaniquement, au moyen d'un ventilateur G, lorsque l'on a beaucoup d'eau à chauffer à la fois. Dans ce cas, la fumée passe encore par des tubes H, au nombre de douze ou quinze, traversant un réservoir I d'eau d'alimentation, dans lequel elle se refroidit complétement.

L'alimentation est réglée d'une manière fort simple, au moyen du flotteur K, qui s'abaisse quand le niveau baisse et ouvre la soupape L. La prise d'eau chaude pour les bains a lieu par le tuyau à rotule M, dont un petit flotteur N tient la bouche toujours près du niveau supérieur de l'eau, c'est-à-dire à l'endroit où elle est le plus chaude.

Fig. 7, pl. 7. Chaudière de bains à circulation intérieure. Cette chaudière diffère de la précédente, en ce que le tirage a lieu pendant la chauffe. La chaudière, en cuivre, est recouverte de bois entouré d'une couche de sciure de bois, recouverte elle-même d'une seconde enveloppe en bois.

La fumée, sortant du foyer, se rend dans une caisse en tôle placée dans un réservoir B, et de là, par une vingtaine de tubes horizontaux, dans la cheminée.

L'alimentation et la prise d'eau sont disposées comme dans la chaudière précédente.

Fig. 8, pl. 7. Chaudière en bois à circulation intérieure. Cette chaudière ne présente rien de remarquable, sinon qu'il n'y a du métal qu'à l'endroit de la circulation de la fumée.

Fig. 11, pl. 7. Chaudière à circulation intérieure. Cette chaudière, analogue à celle de la figure 7, en ce sens que le tirage a lieu pendant la chauffe, en diffère par la disposition du conduit de la fumée pendant le tirage, qui se compose de 9 petits tubes intérieurs et un espace annulaire autour du corps de la chaudière. La prise d'eau se fait dans le réservoir B, qui communique avec la chaudière par deux conduits C et D, dont l'un, le conduit C, sert à faire descendre l'eau froide du réservoir dans la chaudière ; l'autre, le conduit D, sert à conduire l'eau chaude de la chaudière dans la partie supérieure du réservoir.

Cet appareil présente l'inconvénient de ne donner l'eau chaude que quand l'eau du réservoir a été chauffée, ce qui est un peu long.

§ 2. APPAREILS POUR LESSIVER LE LINGE.

Les appareils à lessiver le linge ont été, depuis quelques années, l'objet de grands perfectionnements. Autrefois, on faisait chauffer la lessive dans un chaudron en cuivre, puis on la faisait couler bouillante dans un cuvier rempli de linge. Quand elle avait traversé le linge, on la reprenait par la partie inférieure et la réchauffait de nouveau, jusqu'à ce qu'elle ait passé un certain nombre de fois, après lesquelles on laissait reposer.

Aujourd'hui on a des appareils dans lesquels la circulation de la lessive s'opère seule; il en est même où on évite de la chauffer directement par le feu, pour ne pas la brûler; enfin, il en est où la lessive ne passe qu'une seule fois dans le linge, craignant de le salir au lieu de le nettoyer, comme cela a lieu quelquefois par plusieurs passages successifs.

La figure 14, pl. 7, représente l'appareil le plus simple que l'on puisse imaginer pour faire circuler la lessive dans du linge. Il se compose d'une chaudière en cuivre A, montée sur un fourneau B, et contenant de l'eau jusqu'à 15 centimètres environ au-dessus du fond. Au-dessus de cette eau est un plancher C à claire-voie, sur lequel se pose le linge à lessiver. Au plancher est adapté un tube D plongeant dans l'eau jusqu'à 3 centimètres du fond et s'élevant au-dessus de la chaudière, où il est surmonté d'un petit chapeau conique E. Quand l'eau est assez chaude pour entrer en ébullition, la vapeur qui se forme à sa partie supérieure et ne peut se dégager à travers le linge, presse sur le liquide et le fait monter par le tube D; alors il rencontre le chapeau E et vient retomber sur le linge, qu'il traverse lentement en redescendant à la partie inférieure, où il se chauffe de nouveau, et ainsi de suite.

Cet appareil présente quelque danger, parce qu'il peut arriver un moment où il n'y a plus d'eau du tout dans la chaudière, et alors le fond se brûle ou se rougit, et peut produire une petite explosion par son contact avec la lessive qui descend. De plus, il est assez incommode d'avoir ce tube au milieu du vase dans lequel se place le linge à lessiver.

Afin de rendre le cuvier indépendant de l'appareil dans lequel se fait le chauffage, appareil qui se détériore beaucoup plus promptement que l'autre, étant toujours au feu, on a imaginé la disposition de la figure 1, pl. 8.

A est une petite chaudière fermée, communiquant avec le haut et le bas du cuvier B par les tuyaux C et D. L'opération est absolument la même que précédemment; par cette disposition, on n'a plus l'inconvénient du tube traversant le cuvier.

L'appareil suivant, pl. 8, fig. 2, diffère des précédents, en ce que l'on règle à la main la durée des opérations. Un robinet A, mû à la main, ne permet à la vapeur de chasser l'eau dans le cuvier que quand elle a soulevé la soupape B, qui indique qu'elle est à une pression suffisante. Une soupape C, ouvrant de haut en bas et maintenue fermée par le contre-poids D, n'est ouverte que quand la lessive a séjourné un certain temps dans le cuvier.

Cet appareil, comme les précédents, présente quelque danger, toujours par suite de l'absence possible d'eau dans la chaudière et du chauffage au rouge des parois de cette dernière.

L'appareil, pl. 8, fig. 6, inventé par M. Duvoir, est prescrit à tous les blanchisseurs du département de la Seine :

A est une chaudière à vapeur, munie d'un petit *reniflard* ou soupape à air; à cette soupape est suspendue une tige dans laquelle est enfilé un flotteur mobile; elle est en outre équilibrée par un poids tel que, quand le flotteur surnage, elle se tient dans toutes les positions où on la met, fermée ou ouverte, tandis que, quand le flotteur est suspendu à la tige, son poids l'emporte et la fait ouvrir.

Supposons la chaudière pleine d'eau, le flotteur B est en haut; mais comme il touche le levier du reniflard, il ferme la communication extérieure. La vapeur, en se formant, rend cette fermeture complète et agit sur le levier qu'elle lance dans le cuvier. Le flotteur alors descend, et quand il est arrivé en bas de sa course en B', le reniflard s'ouvre et donne accès à l'air. Il reste de l'eau au fond de la chaudière, et si elle se vaporise, elle sort par l'ouverture que lui a ménagée le flotteur. L'eau qui est dans le cuvier redescend alors lentement dans la chaudière, en ouvrant la soupape C, et comme il y a communication avec l'air extérieur, il n'y a pas à craindre que la vapeur s'oppose à sa rentrée. Elle rentre donc, et le flotteur monte jusqu'à temps qu'il ait atteint le levier du reniflard qu'il ferme.

Il n'y a pas d'accident possible avec cet appareil. Au lieu d'un flotteur mobile, on peut en mettre deux fixes, un en haut et un en bas. Le reniflard s'ouvre quand le flotteur du bas n'est plus dans l'eau, et il se ferme quand le flotteur du haut y est : l'équilibre correspond donc au flotteur du bas, immergé complétement et seul.

D est le couvercle du cuvier.

L'appareil, pl. 8, fig. 3, diffère des précédents en ce qu'il est continu, tandis que les autres sont intermittents. C'est un chauffage par circulation de la lessive, modérée ou interrompue, au moyen des deux robinets A, A' placés sur les tuyaux de communication.

La chaudière peut être ouverte ou fermée. Quand elle est fermée, il faut avoir soin de la munir d'appareils de sûreté suffisants pour empêcher la pression de s'élever trop. Un tube montant à une petite hauteur convient parfaitement pour cet objet. La chaudière fermée a l'avantage de permettre de chauffer un peu plus la lessive, ce qui lui donne plus de force sur le linge.

Tous les appareils dont nous venons de parler mettent la lessive plusieurs fois en contact avec le linge, et, quand cette dernière est chargée de matières grasses en dissolution, l'exposent à se brûler et à tacher le linge.

Pour éviter le premier de ces inconvénients, on a imaginé l'appareil représenté dans la figure 5, pl. 8. Il consiste en une chaudière en tôle de cuivre ou tôle de fer galvanisé, munie d'un plancher à claire-voie, sur lequel est posé le linge non serré et mélangé de sel de soude, savon, etc., substances nécessaires à la lessive.

A la partie inférieure A est de l'eau qui entre en ébullition et forme de la vapeur dans le linge. Cette vapeur se condense et dissout les sels et savons qu'elle entraine avec elle au fond, où elle est de nouveau vaporisée et séparée des sels plus ou moins sales qu'elle a entraînés; elle pénètre de nouveau dans le linge dont elle extrait encore une partie des matières propres à le nettoyer, mélangées de ses saletés, et retombe, etc. Par ce moyen, jamais une eau de lessive sale ne passe deux fois dans le linge, car il n'y a de passage de l'eau de lessive qu'à la descente de la vapeur condensée. Cet appareil simple est fort bon, mais peut-être peu économique pour les blanchisseurs; en tous cas, il le sera toujours pour les ménagères.

Pour éviter le second inconvénient, beaucoup de blanchisseurs chauffent aujourd'hui leur lessive à la vapeur, au moyen d'un serpentin circulant dans un réservoir fermé, placé au-dessous des cuviers. Quand la lessive est jugée suffisamment chaude, un jet de vapeur dans le réservoir la fait monter dans les cuviers. Ce réservoir est muni du reniflard à flotteur mobile, comme les appareils intermittents; là le reniflard sert plus à faciliter la rentrée totale de l'eau qu'à éviter les explosions.

A l'Exposition universelle de 1867, les appareils à lessiver étaient en fort grand nombre. Ceux de M. Bradeford étaient surtout remarquables par leur simplicité, leurs commodités et leur bas prix. C'étaient des caisses octogonales tournant autour d'un axe et ayant à l'intérieur des planchettes lisses, qui relevaient le linge retombant sans cesse dans la lessive.

Des cylindres ou calandres en caoutchouc servaient en même temps à exprimer le linge, même quand il avait des boutons.

Nous ne décrirons pas davantage ces sortes d'appareils, car on pourrait à bon droit s'étonner de les trouver ici; et si nous les avons conservés, c'est parce qu'ils correspondent à des figures nombreuses qui enrichissent l'Atlas.

§ 3.   CHAUDIÈRES DES SAVONNERIES.

Ces chaudières, pl. 8, fig. 7, 9, ne présentent rien de remarquable dans leur construction. Elles sont tantôt en tôle de fer (fig. 7), tantôt en maçonnerie

avec fond en fonte (fig. 9). Les foyers pour ces chaudières doivent être très-petits, leur température peu
élevée, afin de ne pas brûler la lessive.

§ 4. APPAREILS CULINAIRES AU BAIN-MARIE.

Ces appareils sortent un peu de la spécialité du
chaudronnier; aussi en parlerons-nous peu.

Les figures 8, 10, 11, pl. 8, représentent un appareil
de bain-marie assez bien disposé. Les chaudières à
chauffer ont chacune un trou fermé exactement par
les vases qui plongent entièrement dans le liquide. On
les enlève, soit à la main, si elles sont petites, soit
au moyen d'une poulie mobile A et de crochets (fig.
8 et 10, pl. 8), quand elles sont grandes.

L'eau employée au bain-marie est salée, ce qui
permet de chauffer, sans vapeur, à une plus haute
température; il peut néanmoins se former de la vapeur à une pression dépassant peu celle de l'atmosphère, et suffisante pour élever encore la température du bain de quelques degrés.

Un foyer suffit pour chauffer un appareil de 10 à
12 marmites; il est convenable de mettre deux foyers
pour avoir une température plus uniforme, quand le
nombre des marmites s'élève à vingt. Ces deux foyers,
placés aux extrémités, envoient leurs fumées dans
une cheminée placée au milieu du fourneau.

LIVRE III.

La vaporisation des liquides s'effectue de trois manières différentes, suivant le but auquel on se propose d'arriver par cette opération.

Lorsque l'on veut purifier un liquide, c'est-à-dire le séparer d'autres substances solides ou liquides dont il est souillé, on le soumet à la *distillation*.

Lorsque l'on veut débarrasser des matières solides d'un liquide où elles sont en dissolution, on soumet ce liquide à l'*évaporation*.

Lorsque l'on veut faire usage d'une vapeur, soit comme mode de chauffage, soit comme force motrice, on soumet le liquide qui la produit à la *vaporisation* proprement dite.

De là trois espèces d'appareils distincts, savoir :

Les appareils à distiller,

Les appareils à évaporer,

Les appareils à vaporiser, autrement dits à vapeur.

CHAPITRE PREMIER.

Appareils à distiller.

La distillation a pour but de séparer une substance volatile d'autres substances fixes ou volatiles, ces dernières ne l'étant qu'à des températures supérieures à celle de volatilisation de la substance à isoler.

A cet effet, on fait usage d'un appareil appelé *alambic*, se composant de deux parties dont l'une, appelée *cornue* ou *cucurbite*, sert à convertir la substance la plus volatile en vapeur; l'autre, appelée *serpentin*, sert à condenser les vapeurs au fur et à mesure qu'elles s'échappent de la cornue.

ARTICLE PREMIER. — *Cornues.*

Les appareils connus le plus spécialement sous la dénomination générale de cornues, sont des vases en verre, grès ou porcelaine (pl. 8, fig. 12) d'un seul morceau, formant une capacité dont la partie supérieure se raccorde avec un long bec recourbé, nommé *col* de la cornue, par lequel se dégagent les vapeurs produites à l'aide du chauffage des matières à distiller. A côté du col se trouve quelquefois une tubulure A, par laquelle se versent avec précaution les liquides propres à entretenir la distillation. Cette tubulure est fermée par un bouchon muni ou non d'un tube en S.

Les cornues, telles que nous venons de les décrire, sont spécialement employées par les réactions chimiques et servent principalement dans les laboratoires. Bien que conservées encore par quelques industries, elles sont tous les jours de plus en plus abandonnées dans les arts et remplacées par la *cucurbite*, cornue en métal dont la forme la plus générale est celle représentée dans la figure 13, pl. 8.

La cucurbite se compose de deux parties :

> La chaudière,
> Le dôme.

Ces deux parties, chacune d'une seule pièce, sont

réunies entre elles à tabatière, le dôme entrant dans la chaudière. Par cette disposition, les vapeurs, une fois arrivées en haut du dôme, ne peuvent s'échapper que par le conduit qui les mène au serpentin. Si une partie d'entre elles se condense, elle s'écoule le long des parois du dôme et redescend dans la chaudière.

On emploie aussi fréquemment, pour distiller, la disposition de la figure 14, pl. 8. C'est une chaudière cylindrique verticale, munie d'un trou d'homme pour le nettoyage ou l'introduction des matières solides.

ARTICLE 2. — *Serpentins.*

Les serpentins affectent une foule de formes, suivant la nature des matières à distiller et le goût des constructeurs.

De tous les serpentins, le plus usité est celui représenté dans les figures 15, 16, pl. 8. Il consiste en un long tube de cuivre cylindrique, contourné en hélice et placé dans un baquet en bois dans lequel a lieu un courant d'eau froide, en sens contraire de l'écoulement des vapeurs condensées dans le serpentin.

Les vapeurs sortant du dôme de la cornue arrivent au point A, origine du serpentin, puis circulent et se condensent par suite du contact d'une surface sans cesse refroidie. Quand elles sont arrivées condensées à la partie inférieure, elles rencontrent un robinet B qui les force à y séjourner quelque temps, jusqu'à ce qu'on vienne en retirer une portion, mais pas la totalité, parce qu'il y aurait sortie d'une partie de la vapeur non condensée.

Par le tuyau *C* arrive, d'un réservoir supérieur D,
l'eau destinée à la condensation. Entrant par la partie
inférieure du baquet où elle rencontre la vapeur
condensée, elle en sort par le tuyau E prenant à la
partie supérieure. Par ce moyen, la vapeur condensée
n'est jamais exposée à se trouver en contact avec de
l'eau chaude, et on utilise autant que possible la capacité calorifique de l'eau de condensation.

Les figures 17, 18, 21, pl. 8, représentent diverses
formes qui ont été proposées pour augmenter la puissance refroidissante de l'eau de condensation.

La figure 17 qui indique les hélices variables de
diamètre, présente l'avantage d'offrir les trois quarts
de la surface du serpentin au contact forcé de l'eau
ascendante, tandis que la disposition précédente ne
permet en quelque sorte au serpentin que d'être léché
par l'eau de chaque côté, mais non en-dessous.

La figure 19, pl. 8, indique un serpentin A B, entouré de tubes C D E, dans lesquels circule de l'eau
froide. Cette disposition présente le grand avantage
de forcer toute l'eau à s'échauffer par le contact du
serpentin, mais elle présente aussi l'inconvénient de
laisser déposer l'eau dans des appareils qu'il faut démonter complétement pour les nettoyer. Ceci est une
remarque fort importante à faire, parce qu'une disposition analogue est employée par les mécaniciens
de Paris pour chauffer l'eau d'alimentation des chaudières à vapeur.

« Toutes les fois que l'on met de l'eau en contact
« avec un serpentin contenant de la vapeur, quelque
« propre que soit cette eau à son entrée dans l'appa-
« reil, elle dépose toujours des cristaux sur la paroi
« du serpentin; et si le vase qui la renferme est mé-
« tallique, elle en dépose aussi sur lui. »

La figure 18, pl. 8, offre une disposition assez ingénieuse pour établir le contact de l'eau ascendante
avec toute la surface du serpentin.

Le serpentin consiste, dans ce cas, en une caisse
annulaire verticale, recouverte d'un chapeau, s'enlevant facilement et permettant de la nettoyer intérieurement.

Cette disposition est très-bonne toutes les fois que
les matières à distiller donnent des dépôts susceptibles
de salir ou d'engorger le tube par leurs cristallisa-
tions.

La figure 20, pl. 8, représente un appareil complet
de distillation de l'eau de mer à l'usage de la marine.
A est une chaudière à douze compartiments communiquant entre eux, et recevant l'eau à distiller par
le compartiment du milieu au moyen du tube B. Le
but de ces compartiments est de rendre insensible
dans la chaudière le mouvement de tangage du na-
vire.

La vapeur, en sortant de la chaudière par le tuyau
C, se rend dans le serpentin D, où elle se condense
par son contact avec de l'eau de mer destinée à alimenter la chaudière. Cette eau de condensation, qui
arrive par le tuyau E, provient du réservoir F établi
au niveau de la mer. Un filtre G, placé à sa partie
inférieure, empêche les ordures de pénétrer dans
l'appareil à distiller. Au sortir du condensateur, l'eau
de mer, échauffée par l'eau distillée, se rend par un
tuyau H sous le cendrier I de la chaudière, où elle
se chauffe encore avant d'entrer dans la chaudière A.

Cet appareil est fort simple et utilise parfaitement
la chaleur disponible du combustible.

CHAPITRE II.

Appareils à évaporer.

L'évaporation diffère de la distillation en ce que, dans cette opération, on ne recueille pas la matière volatile qui se dégage : il n'y a donc pas besoin d'appareil pour la condenser.

On distingue plusieurs modes d'évaporations, savoir :

1° L'évaporation à l'air libre.

2° L'évaporation par les actions combinées de la température et de l'air.

3° L'évaporation dans le vide.

ARTICLE PREMIER. — *Evaporation à l'air libre.*

L'évaporation à l'air libre s'exécute dans des vases plats offrant la plus grande surface possible. Ces appareils ne présentent rien de remarquable dans leurs dispositions ni dans leur construction. Lorsque l'on veut activer l'évaporation, on les recouvre d'une feuille de tôle, laissant un espace libre de circulation pour l'air, et munie de deux ouvertures placées aux extrémités. L'une de ces ouvertures communique avec une cheminée quelconque produisant un appel continuel d'air qui, en léchant la surface du liquide, se sature et en emporte ainsi une partie avec lui.

Ce mode d'évaporation est celui qui est employé pour la concentration des eaux-mères afin de les obliger à déposer le sel marin qu'elles contiennent;

avant de subir un traitement ultérieur. Nous avons déjà mentionné cette fabrication que nous avons vue établie sur une grande échelle aux salines de Giraud, en Camargue, près d'Arles-sur-Rhône.

L'évaporation avait lieu à gros bouillon, ce qui avait pour effet de produire un sel raffiné plus fin. A cet effet, plusieurs foyers étaient disposés sous chaque chaudière, et les carneaux étaient directs. Ces chaudières étaient disposées les unes à la suite des autres, sous de vastes hangars que la vapeur remplissait complétement.

ARTICLE 2. — *Evaporation par les actions combinées de la température et de l'air.*

Les chaudières que l'on emploie pour évaporer à l'aide de la température varient de formes et dimensions, suivant que le chauffage a lieu à feu nu ou à vapeur.

Pour le chauffage à feu nu, on emploie la chaudière représentée dans la figure 1, pl. 9. Le foyer étant en A et la cheminée en B, la fumée, après avoir chauffé le dessous et les côtés de la chaudière par les carneaux C, se dégage par l'orifice D dans la chambre E, que forme une plaque de tôle recouvrant le liquide à une certaine hauteur. Elle se rend ensuite à la cheminée après avoir léché la surface du liquide, dont elle entraîne une quantité de vapeur d'autant plus grande que sa température et celle du liquide à évaporer sont plus élevées.

Cette disposition, qui possède tous les éléments d'une prompte évaporation, présente un inconvénient. La fumée, en circulant au-dessus de l'eau, ne

peut manquer d'y déposer quelques parcelles de suie,
qui, se mêlant au liquide, lui donnent de la couleur et un mauvais goût : on ne peut donc l'appliquer à tous les cas.

Il convient, quand la substance à dessécher craint
la suie, d'envoyer la fumée à la cheminée par les carneaux, sans la faire passer au-dessus du liquide, et
de percer la paroi F du couvercle de manière à permettre l'introduction de l'air extérieur qui, appelé
par la cheminée, ne s'y rend qu'après s'être saturé
d'une portion, moindre il est vrai, de vapeur enlevée
à la substance à évaporer.

Dans les fabriques de sucre, on emploie, pour l'é-
vaporation des sirops à feu nu, l'appareil représenté
dans les figures 2 et 3, pl. 9.

A est une chaudière en cuivre pouvant basculer
autour d'un axe B ; C est un réservoir renfermant le
sirop à évaporer.

Pour verser du sirop dans la bassine, on tire le
cordon D, qui ouvre la soupape S ; pour verser ensuite le sirop concentré dans le cuvier E, on tire le
cordon F, qui fait basculer la bassine A.

Lorsque l'évaporation a pour but le dépôt de cristaux, il n'est pas convenable d'employer les chaudières à fond plat dont nous venons de parler, parce
que l'interposition des cristaux entre le fond et le
liquide empêche la chaleur de traverser et expose les
chaudières à être brûlées. Dans ce cas, on se sert
avec avantage des chaudières représentées dans les
figures 4 et 5, pl. 9.

C'est surtout lorsque l'on évapore à l'ébullition,
comme dans les raffineries de sel, qu'il est important de faire usage de ces chaudières.

En Angleterre on emploie, pour cette dernière industrie, la chaudière représentée dans la figure 5, pl. 9.

A est une capsule percée de trous très-petits, et suspendue dans le liquide au moyen d'une corde que l'on tire à volonté.

L'ébullition ayant lieu au fond de la chaudière, il s'établit un mouvement ascendant et descendant qui, toutes les fois qu'il rencontre la capsule, s'anéantit et y dépose la presque totalité des cristaux de sel tenu en suspension. De cette manière, il ne se forme aucun dépôt à la partie inférieure de la chaudière.

Quand la capsule est pleine, on la soulève, on la laisse égoutter et on la remplace par une autre.

Quand le chauffage a lieu par la vapeur, on emploie diverses dispositions dont nous parlerons ci-après dans les appareils à circulation de vapeur.

ARTICLE 3. — *Evaporation dans le vide.*

L'évaporation dans le vide s'emploie spécialement dans les fabriques et raffineries de sucre, à cause de l'influence défavorable de l'air sur les sirops, qu'il tend à faire fermenter.

Le premier appareil employé pour produire l'évaporation dans le vide, est l'appareil d'*Howard*.

Cet appareil, représenté dans la figure 6, pl. 9, est peu employé aujourd'hui, parce qu'il exige l'emploi d'une pompe pour maintenir le vide.

Il consiste en une capacité A, dans laquelle se projette le sirop par le tube B, quand le vide est fait jusqu'à un degré suffisant. De la vapeur, circulant dans le double fond C, chauffe le sirop et l'évapore. Les vapeurs produites par le chauffage du sirop se dégagent par le tuyau D, et passant par la soupape E, qui en se soulevant fait ouvrir le tiroir F, elles se précipitent par le tuyau C, dans un condensateur, où elles sont refroidies par l'eau qui s'y précipite en même temps qu'elles par l'orifice F. Le tuyau D n'a d'autre but que de recevoir les vapeurs qui se condensent pendant le trajet avant d'arriver au condensateur.

Une pompe, marchant constamment, enlève l'eau et l'air qui se trouvent dans le condensateur et y maintient le vide.

L'appareil de *Roth*, qui a remplacé celui d'*Howard*, n'en diffère que par la disposition employée pour retirer l'eau de condensation du condensateur.

Cet appareil, représenté dans la figure 7, pl. 9, consiste en une capacité A, chauffée par la vapeur au moyen d'un double fond B et d'un serpentin C, communiquant tous deux avec une chaudière au moyen des tuyaux D d'arrivée et EE' de retour d'eau.

Le sirop à évaporer se précipite dans le vide par le tuyau F muni d'un robinet. Les vapeurs produites par le chauffage du sirop se dégagent par le tuyau, ce qui le conduit au condensateur H, dont la disposition diffère de celle des condensateurs ordinaires. En I est une série de disques métalliques percés de trous au travers desquels circulent, et la vapeur à condenser qui arrive par le tuyau C, et l'eau de condensation qui arrive par le tuyau J muni d'un robinet.

Quand la cuite d'un sirop est terminée, on ferme le robinet J et on injecte de la vapeur dans la capacité A par le robinet K; on ouvre alors le robinet L, et le sirop s'écoule dans un réservoir. Quand il n'y en a plus dans la chaudière, on ferme ce robinet et on ouvre le robinet M; la pression de la vapeur qui s'est introduite dans le condensateur fait partir l'eau de condensation. Quand cette dernière est évacuée, on ferme le robinet K et on ouvre le robinet J, qui produit, par immersion d'eau, la condensation immédiate de la vapeur contenue dans le condensateur. Alors on ouvre le robinet F et l'opération recommence.

L'appareil que nous venons de décrire présente l'inconvénient d'exiger une assez grande dépense de vapeur pour faire le vide; aussi est-il quelques constructeurs qui préfèrent encore l'appareil d'Howard, ce dernier étant plus économique.

L'appareil de Degrand (fig. 8, pl. 9) diffère essentiellement des précédents par une disposition des plus ingénieuses pour faire le vide.

Il consiste dans la condensation des vapeurs, dont est rempli le serpentin A, par un courant d'air forcé de bas en haut, qui rencontre une pluie d'eau tombant de la gouttière B sur le serpentin. De cette manière, au lieu de condenser de la vapeur par échauffement de liquide, il condense par vaporisation forcée du liquide dont se sature l'air ascendant qui le rencontre.

Nous avons vu à la même usine de Giraud dont nous avons déjà parlé, un mode de chauffage par la vapeur, très-bien compris, et établi par M. Levat, directeur de cette usine. Il consiste en une série de serpentins en fer, disposés les uns à côté des autres, et immergés dans le liquide à chauffer.

L'ébullition devant toujours être tumultueuse, il importe que les serpentins à l'intérieur desquels passe de la vapeur à 4 ou 5 atmosphères, soient toujours

parfaitement propres à l'extérieur, pour que la transmission de la chaleur soit aussi complète que possible. Or, au bout de fort peu de temps, des cristaux
de sel très-adhérents se déposent sur les contours des
serpentins. Aussi chacun de ces appareils est susceptible d'être isolé, relevé et trempé dans de l'eau chaude
et pure, qui ne tarde pas à désagréger les incrustations, lesquelles se détachent alors facilement : après
quoi le serpentin est remis en place et fonctionne de
nouveau.

CHAPITRE III.

Appareils à vapeur.

On comprend, sous la dénomination générale d'appareils à vapeur, tous les vases fermés dans lesquels
séjourne ou circule une vapeur à une pression supérieure à celle de l'atmosphère.

De toutes les vapeurs, la seule qui se rencontre
dans les appareils sus-désignés est d'ordinaire la vapeur d'eau.

On distingue deux classes principales d'appareils à
vapeur, savoir :

1re classe, les *générateurs* ou *chaudières à vapeur;*
2e classe, les *conduits* de vapeur.

Les *générateurs* sont ceux dans lesquels s'effectue
la vaporisation de l'eau par le chauffage.

Les *conduits* sont ceux dans lesquels circule la vapeur toute formée, soit pour agir comme moteur, soit
pour chauffer des corps solides, liquides ou gazeux.

Après avoir examiné dans leur ensemble les outils
divers et la chaudronnerie du cuivre, nous avons

effleuré des sujets dont quelques-uns n'avaient qu'un faible voisinage avec le nôtre.

Nous allons maintenant nous occuper des appareils à vapeur qui constituent la chaudronnerie du fer proprement dite.

Mais auparavant, nous donnerons *in extenso* le décret du 25 janvier qui se substitue à l'ordonnance du 22 mai 1843, qui figurait dans la précédente édition.

Décret du 25 janvier 1865, relatif aux chaudières à vapeur autres que celles qui sont placées à bord des bateaux.

Art. 1ᵉʳ. Sont soumises aux formalités et aux mesures prescrites par le présent décret, les chaudières fermées, destinées à produire la vapeur, autres que celles qui sont placées à bord des bateaux.

TITRE Iᵉʳ.

Dispositions relatives à la fabrication, à la vente et à l'usage des chaudières fermées destinées à produire la vapeur.

Art. 2. Aucune chaudière neuve ou ayant déjà servi, ne peut être livrée par celui qui l'a construite, réparée ou vendue, qu'après avoir subi l'épreuve prescrite ci-après.

Cette épreuve des chaudières est faite chez le constructeur ou chez le vendeur, sur sa demande, sous la direction des ingénieurs des mines ou, à leur défaut, des ingénieurs des ponts-et-chaussées ou des agents sous leurs ordres.

Chaudronnier.　　　　　　　　　　18

Les épreuves des chaudières venant de l'étranger sont faites, avant la mise en service, au lieu désigné par le destinataire dans sa demande.

Art. 3. L'épreuve consiste à soumettre la chaudière à une pression effective double de celle qui ne doit pas être dépassée dans le service, toutes les fois que celle-ci est comprise entre 1 1/2 kilogramme et 6 kilogrammes par centimètre carré inclusivement.

La surcharge d'épreuve est constante et égale à 1 1/2 kilogramme par centimètre carré pour les pressions inférieures, et à 6 kilogrammes par centimètre carré pour les pressions supérieures aux limites ci-dessus. L'épreuve est faite par pression hydraulique.

La pression est maintenue pendant le temps nécessaire à l'examen de toutes les parties de la chaudière.

Art. 4. Après qu'une chaudière ou partie de chaudière a été éprouvée avec succès, il y est apposé un timbre, indiquant par kilogrammes, par centimètre carré, la pression effective que la vapeur ne doit pas dépasser. Les timbres sont placés de manière à être toujours apparents après la mise en place de la chaudière.

Ils sont poinçonnés par l'agent chargé d'assister à l'épreuve.

Art. 5. Chaque chaudière est munie de deux soupapes de sûreté, chargées de manière à laisser la vapeur s'écouler avant que la pression effective atteigne, ou tout au moins dès qu'elle atteint, la limite maximum indiquée par le timbre dont il est fait mention à l'article précédent. Chacune des soupapes offre une section suffisante pour maintenir à elle seule, quelle que soit l'activité du feu, la vapeur dans la chaudière à un degré de pression qui n'excède dans aucun cas la limite ci-dessus.

Le constructeur est libre de répartir, s'il le préfère, la section totale d'écoulement nécessaire des deux soupapes réglementaires entre un plus grand nombre de soupapes.

Art. 6. Toute chaudière est munie d'un manomètre en bon état, placé en vue du chauffeur, disposé et gradué de manière à indiquer la pression effective de la vapeur dans la chaudière. Une ligne très-apparente marque sur l'échelle le point que l'index ne doit pas dépasser.

Un seul manomètre peut servir pour plusieurs chaudières ayant un réservoir de vapeur commun.

Art. 7. Toute chaudière est munie d'un appareil d'alimentation d'une puissance suffisante et d'un effet certain.

Art. 8. Le niveau que l'eau doit avoir habituellement dans chaque chaudière doit dépasser d'un décimètre au moins la partie la plus élevée des carneaux, tubes ou conduits de la flamme et de la fumée dans le fourneau.

Ce niveau est indiqué par une ligne tracée d'une manière très-apparente sur les parties extérieures de la chaudière et sur le parement du fourneau.

La prescription énoncée au paragraphe premier du présent article ne s'applique point :

1º Aux surchauffeurs de vapeur distincts de la chaudière ;

2º A des surfaces relativement peu étendues et placées de manière à ne jamais rougir, même lorsque le feu est poussé à son maximum d'activité, telles que la partie supérieure des plaques tubulaires des boîtes à fumée dans les chaudières de locomotives, ou encore telles que les tubes ou parties de cheminées qui traversent le réservoir de vapeur, en envoyant directement à la cheminée principale les produits de la combustion ;

3° Aux générateurs dits à production de vapeur instantanée, et à tous autres qui contiennent une trop petite quantité d'eau pour qu'une rupture puisse être dangereuse.

Le ministre de l'agriculture, du commerce et des travaux publics peut, en outre, sur le rapport des ingénieurs et l'avis du préfet, accorder dispense de ladite prescription, dans tous les cas où, à raison, de la forme ou de la faible dimension des générateurs, soit de la position spéciale des pièces contenant de la vapeur, il serait reconnu que la dispense ne peut pas avoir d'inconvénient.

Art. 9. Chaque chaudière est munie de deux appareils indicateurs du niveau de l'eau, indépendants l'un de l'autre et placés en vue du chauffeur.

L'un de ces deux indicateurs est un tube en verre disposé de manière à pouvoir être facilement nettoyé et remplacé au besoin.

TITRE II.

Dispositions relatives à l'établissement des chaudières à vapeur placées à demeure.

Art. 10. Les chaudières à vapeur destinées à être employées à demeure ne peuvent être établies qu'après une déclaration au préfet du département. Cette déclaration est enregistrée à sa date. Il est donné acte.

Art. 11. La déclaration fait connaître :

1° Le nom et le domicile du vendeur des chaudières ou leur origine ;

2° La commune et le lieu précis où elles sont établies ;

3° Leur forme, leur capacité et leur surface de chauffe ;

4° Le numéro du timbre exprimant en kilogrammes, par centimètre carré, la pression effective maximum sous laquelle elles doivent fonctionner ;

5° Enfin, le genre d'industrie et l'usage auxquels elles sont destinées.

Art. 12. Les chaudières sont distinguées en trois catégories. Cette classification est basée sur la capacité de la chaudière et sur la tension de la vapeur.

On exprime en mètres cubes la capacité de la chaudière avec ses tubes bouilleurs ou réchauffeurs, mais sans y comprendre les surchauffeurs de vapeur ; on multiplie ce nombre par le numéro du timbre augmenté d'une unité. Les chaudières sont de la première catégorie quand le produit est plus grand que quinze ; de la deuxième, si ce même produit surpasse cinq et n'excède pas quinze ; de la troisième, s'il n'excède pas cinq.

Si plusieurs chaudières doivent fonctionner ensemble dans un même emplacement, et si elles ont entre elles une communication quelconque, directe ou indirecte, on prend pour former le produit comme il vient d'être dit, la somme des capacités de ces chaudières.

Art. 13. Les chaudières comprises dans la première catégorie doivent être établies en dehors de toute maison et de tout atelier surmonté d'étages.

N'est pas considéré comme un étage au-dessus de l'emplacement d'une chaudière une construction légère, dans laquelle les matières ne sont l'objet d'aucune élaboration nécessitant la présence d'employés ou ouvriers travaillant à poste fixe.

Dans ce cas, le local ainsi utilisé est séparé des ateliers contigus par un mur ne présentant que les passages nécessaires pour le service.

Art. 14. Il est interdit de placer une chaudière de première catégorie à moins de 3 mètres de distance du mur d'une maison d'habitation appartenant à des tiers.

Si la distance de la chaudière à la maison est plus grande que 3 mètres et moindre que 10 mètres, la chaudière doit être généralement installée de façon que son axe longitudinal prolongé ne rencontre pas le mur de ladite maison, ou que, s'il le rencontre, l'angle compris entre cet axe et le plan du mur soit inférieur au sixième d'un angle droit. Dans le cas où la chaudière n'est pas installée dans les conditions ci-dessus, la maison doit être garantie par un mur de défense.

Ce mur, en bonne et solide maçonnerie, a 1 mètre au moins d'épaisseur en couronne.

Il est distinct du parement du fourneau de la chaudière et du mur de la maison voisine, et est séparé de chacun d'eux par un intervalle libre de 0^m.30 de largeur au moins. Sa hauteur dépasse de 1 mètre la partie la plus élevée du corps de la chaudière quand il est à une distance de celle-ci comprise entre 0^m.30 et 3 mètres. Si la distance est plus grande que 3 mètres, l'excédant de hauteur est augmenté en proportion de la distance, sans toutefois excéder 2 mètres.

Enfin, la situation et la longueur du mur sont combinées de manière à couvrir la maison voisine dans toutes les parties qui se trouvent à la fois au-dessous de la crête dudit mur, d'après la hauteur fixée ci-dessus, et à une distance moindre que 10 mètres d'un point quelconque de la chaudière.

L'établissement d'une chaudière de première catégorie à la distance de 10 mètres ou plus des maisons d'habitation n'est assujetti à aucune condition particulière.

Les distances de 3 mètres et de 10 mètres fixées ci-dessus sont réduites respectivement à 1^m.50 et 5 mètres, lorsque la chaudière est enterrée de façon que la partie supérieure de ladite chaudière se trouve à 1 mètre au moins en contre-bas du sol du côté de la maison voisine.

Art. 15. Les chaudières comprises dans la deuxième catégorie peuvent être placées dans l'intérieur de tout atelier, pourvu que l'atelier ne fasse pas partie d'une maison habitée par des personnes autres que le manufacturier, sa famille et ses employés, ouvriers et serviteurs.

Art. 16. Les chaudières de troisième catégorie peuvent être établies dans un atelier quelconque, même lorsqu'il fait partie d'une maison habitée par des tiers.

Art. 17. Les fourneaux des chaudières comprises dans la deuxième et la troisième catégorie sont entièrement séparés des maisons d'habitation appartenant à des tiers ; l'espace vide est de 1 mètre pour les chaudières de la deuxième catégorie, et de 0^m.50 pour les chaudières de la troisième.

ART. 18. Les conditions d'emplacement établies par les articles 14 et 17 ci-dessus cessent d'être obligatoires lorsque les tiers intéressés renoncent à s'en prévaloir.

ART. 19. Le foyer des chaudières de toute catégorie doit brûler sa fumée.

Un délai de six mois est accordé, pour l'exécution de la disposition qui précède, aux propriétaires de chaudières auxquels l'obligation de brûler leur fumée n'a point été imposée par l'acte d'autorisation.

ART. 20. Si, postérieurement à l'établissement d'une chaudière, un terrain contigu vient à être affecté à la construction d'une maison d'habitation, le propriétaire de ladite maison a le droit d'exiger l'exécution des mesures prescrites par les articles 14 et 17 ci-dessus, comme si la maison eût été construite avant l'établissement de la chaudière.

ART. 21. Indépendamment des mesures générales de sûreté prescrites au titre 1er de la déclaration prévue par les articles 10 et 11 du titre 2, les chaudières à vapeur fonctionnant dans l'intérieur des mines sont soumises aux conditions spéciales fixées par les lois et règlements concernant l'exploitation des mines.

TITRE III.

Dispositions relatives aux chaudières des machines locomobiles et locomotives.

ART. 22. Sont considérées comme locomobiles les machines à vapeur qui peuvent être transportées facilement d'un lieu dans un autre, n'exigent aucune construction pour fonctionner sur un point donné, et ne sont effectivement employées que d'une manière temporaire à chaque station.

ART. 23. Les chaudières des machines locomobiles sont soumises aux mêmes épreuves et munies des mêmes appareils de sûreté que les générateurs établis à demeure; toutefois, elles peuvent n'avoir qu'un seul tube indicateur du niveau de l'eau en verre.

Elles portent, en outre, une plaque sur laquelle sont gravés en lettres très-apparentes le nom du propriétaire, son domicile et un numéro d'ordre si le propriétaire en possède plusieurs.

Elles sont l'objet d'une déclaration adressée au préfet du département où est le domicile du propriétaire de la machine.

ART. 24. Aucune locomobile ne peut être employée sur une propriété particulière, à moins de 5 mètres de tout bâtiment d'habitation et de tout amas découvert de matières inflammables appartenant à des tiers, sans le consentement formel de ceux-ci.

Le fonctionnement des locomobiles sur la voie publique est régi par les règlements de police locaux.

ART. 25. Les machines à vapeur locomotives sont celles qui, sur terre, travaillent en même temps qu'elles se déplacent par leur propre force.

ART. 26. Les dispositions de l'article 23 sont applicables aux chaudières des machines locomotives.

ART. 27. La circulation des locomotives sur les chemins de fer a lieu dans les conditions déterminées par des règlements d'administration publique.

Un règlement spécial fixera, s'il y a lieu, les conditious relatives à la circulation des locomotives sur les routes autres que les chemins de fer.

TITRE IV.

Dispositions générales.

Art. 28. Les ingénieurs des mines, ou à leur défaut les ingénieurs des ponts et chaussées, ainsi que les agents sous leurs ordres commissionnés à cet effet, sont chargés, sous la direction des préfets et avec le concours des autorités locales, de la surveillance relative à l'exécution des mesures prescrites par le présent décret.

Art. 29. Les contraventions au présent règlement sont constatées, poursuivies et réprimées, conformément à la loi du 21 juillet 1856, sans préjudice de la responsabilité civile que les contrevenants peuvent encourir aux termes des articles 1382 et suivants du code Napoléon.

Art. 30. En cas d'accident ayant occasionné la mort ou des blessures graves, le propriétaire ou le chef de l'établissement doit prévenir immédiatement l'autorité chargée de la police locale et l'ingénieur chargé de la surveillance.

L'autorité chargée de la police locale se transporte sur les lieux dans le plus bref délai, et dresse un procès-verbal qui est transmis au préfet et au procureur impérial.

L'ingénieur chargé de la surveillance se rend également sur les lieux dans le plus bref délai pour visiter les chaudières, en constater l'état et rechercher les causes de l'accident. Il adresse sur le tout un rapport au préfet et un procès-verbal au procureur impérial.

En cas d'explosion, les constructions ne doivent point être réparées, et les fragments de la chaudière rompue ne doivent point être déplacés ou dénaturés avant la clôture du procès-verbal de l'ingénieur.

ART. 31. Les chaudières qui dépendent des services spéciaux de l'Etat sont surveillées par les fonctionnaires et agents de ces services.

Leur établissement reste assujetti à la déclaration prévue par l'article 10, et à toutes les conditions d'emplacement et autres qui peuvent intéresser les tiers.

ART. 32. Les conditions d'emplacement prescrites pour les chaudières à demeure par le présent décret, ne sont point applicables aux chaudières pour l'établissement desquelles il aura été satisfait à l'ordonnance royale du 22 mai 1843.

ART. 33. Les attributions conférées aux préfets des départements par le présent décret sont exercées par le préfet de police dans toute l'étendue de son ressort.

ART. 34. L'ordonnance royale du 22 mai 1843, relative aux machines et chaudières à vapeur autres que celles qui sont placées sur des bateaux, est rapportée.

ART. 35. Notre ministre de l'agriculture, du commerce et des travaux publics est chargé de l'exécution du présent décret, qui sera inséré au *Bulletin des Lois*.

SECTION Ire. — **APPAREILS A VAPEUR DE LA PREMIÈRE CLASSE, DITS GÉNÉRATEURS OU CHAUDIÈRES A VA-PEUR.**

Dans les générateurs, on distingue 1° la chaudière proprement dite; 2° les appareils de sûreté.

Les chaudières à vapeur se construisent en tôle de *cuivre*, en tôle de *fer* et en *fonte*. Elles consistent gé-néralement en une ou plusieurs capacités, fermées et communiquant entre elles, dont les formes et dimen-sions sont capables de résister aux diverses pressions que la vapeur peut exercer intérieurement.

Il existe une variété infinie de formes de chaudières à vapeur; néanmoins on peut diviser ces formes en trois principales distinctes, savoir :

1° La chaudière cylindrique à deux bouilleurs, pour *usines* (fig. 13, pl. 9).

2° La chaudière à fonds plats, pour *bateaux à va-peur* (fig. 3, 6, pl. 13).

3° La chaudière tubulaire, pour *locomotives* (fig. 7, 10, pl. 13).

ARTICLE PREMIER. — *Chaudières.*

Dans les générateurs on distingue la chaudière proprement dite et les appareils de sûreté.

Il n'y a pas longtemps encore, malgré une certaine variété, on divisait principalement les chaudières et générateurs cylindriques à deux bouilleurs, pl. 9, fig. 13, en chaudières à fonds plats pour bateaux, pl. 12, fig. 11, 13, 14, et en chaudières tubulaires pour locomotives, pl. 13, fig. 11 et 12.

Nous examinerons chacun de ces types et nous les

comparerons avec d'autres de création plus récente.

La classification indiquée est encore adoptée aujourd'hui, mais la variété des types est plus grande, et la chaudière tubulaire qui était considérée comme employée exclusivement aux locomotives, est aujourd'hui appliquée sur les bateaux à vapeur et dans l'industrie.

ARTICLE 2. — *Chaudières pour usines.*

De toutes les formes que l'on a primitivement adoptées lors de l'emploi de la vapeur à basse pression, celle dite *en tombeau,* de Watt, a seule survécu pendant un temps fort long. Cette forme utilise bien le combustible, mais elle n'est pas propre à supporter une pression un peu élevée. Bien que l'on n'emploie plus ce genre de chaudière, nous en donnons un dessin, pl. 10, fig. 1, 2, 11 et 17.

Nous nous occuperons davantage des chaudières cylindriques que nous avons déjà examinées dans une esquisse rapide.

Ces chaudières sont simples, ou avec tube à fumée intérieur ; elles peuvent aussi avoir un, deux, trois et même quatre bouilleurs. M. Farcot en a construit avec ce dernier nombre.

Ces chaudières peuvent être horizontales, avec ou sans réservoir de vapeur, ou tout-à-fait verticales.

La chaudière cylindrique simple, avec ou sans réservoir de vapeur, mais munie de son trou d'homme, est de l'exécution la plus facile, en même temps qu'elle est d'un nettoyage commode. Seulement elle n'utilise pas aussi bien la chaleur du combustible.

Cette chaleur est mieux utilisée quand il y a un

Chaudronnier. **19**

ou plusieurs tubes bouilleurs à l'intérieur ou à l'extérieur. Aussi est-il rare de rencontrer chez un industriel qui veut faire économie de charbon, une chaudière sans bouilleurs.

Les bouilleurs, suivant la manière dont ils sont chauffés, utilisent mieux la chaleur du foyer, préservent la chaudière des incrustations et des variations quelquefois un peu trop sensibles de température. Ils permettent d'augmenter la puissance de vaporisation sans augmenter le diamètre ni la longueur de la chaudière.

Les chaudières cylindriques à un, deux ou trois bouilleurs, pl. 9, fig. 12 et 13, consistent en un cylindre A, appelé corps de la chaudière, et terminé soit par un fond plat embouti, soit par deux calottes sphériques; la première disposition s'employant pour les petites chaudières, la seconde étant préférée toutes les fois que la longueur dépasse 2 mètres, et que le diamètre dépasse 60 centimètres.

On construisait, quelquefois jadis, les chaudières avec des fonds plats en fonte.

Les bouilleurs sont comme les chaudières cylindriques, seulement ils se terminent d'une part par un fond plat embouti, fig. 9, pl. 9, et de l'autre par un trou d'homme, en fonte, fermé par un bouchon *autoclave*, fig. 10 et 11.

La jonction de la chaudière avec les bouilleurs se fait de trois manières principales, savoir :

La première consiste en une ou plusieurs plaques de tôles embouties de manière à prendre la forme de la figure 3, pl. 11. Ces plaques ainsi disposées sont assemblées aux bouilleurs, au moyen de rivets posés à demeure.

L'assemblage avec la chaudière se fait au moyen de boulons et écrous placés autour du creux intérieur de communication.

De cette manière, on peut expédier séparément la chaudière et les bouilleurs, et, en cas d'accident quand ils sont assemblés, les séparer facilement pour faire les réparations convenables.

Mais cette disposition n'admet pas le chauffage des bouilleurs seuls par la flamme du foyer, ou, du moins, le rend très-difficile à cause de la dilatation.

Si on veut que la chaudière ne soit chauffée que par contact, il faut pouvoir construire une voûte en briques entre elle et les bouilleurs. Alors la communication a lieu par des tubulures appelées *cuisses*, et qui s'exécutent de deux manières.

1° Ou elles sont en tôle d'une seule pièce, et rivées de part et d'autre au bouilleur et à la chaudière, fig. 2, pl. 11.

2° Ou elles sont en tôle et fonte de deux pièces rivées chacune à l'une des parties à mettre en communication, fig. 5, pl. 11.

Dans ce second cas, les bouilleurs et la chaudière peuvent encore être expédiés séparément, mais le joint n'est pas aussi simple que dans la première disposition.

Il faut remplir l'espace laissé entre les deux tubulures des cuisses par du mastic de fonte. Ces tubulures étant assemblées à queue d'hironde, quand le mastic est sec, le joint est très-solide. Cela n'empêche pas, néanmoins, de munir l'assemblage d'armatures en fer, fig. 7, 8, pl. 11, qui garantissent l'assemblage de toute séparation dans le cas d'une pression supérieure à la résistance du joint.

Il faut avoir soin de laisser à l'espace annulaire
où l'on coule le mastic de fonte, une largeur suffisante pour qu'au besoin le mastic puisse être plus
tard dégagé à l'aide de burins.

Quelle que soit la forme des chaudières, elles sont
toujours munies, à la partie supérieure, d'un trou
d'homme, fig. 9, pl. 11.

C'est par là que descendent les ouvriers pour les
nettoyer et faire les réparations. Ces trous d'homme
sont, comme les bouilleurs, fermés par des bouchons
autoclaves.

Nous avons dit plus haut qu'il existait des chaudières avec fonds plats en fonte, qui présentaient l'a-
vantage d'éviter la confection des fonds emboutis et
des calottes sphériques.

Ce système de chaudières a été importé d'Amé-
rique par feu M. *Bourdon*.

L'importation ne consistait pas seulement dans la
substitution des fonds en fonte aux calottes sphériques
en tôle, c'était tout un nouveau système de chauffage.

M. Bourdon prenait la chaudière à huit chevaux,
comme unité de chaudières. Il lui donnait 7 mètres
de long sur 0^m.80 de diamètre, sans bouilleurs, fig. 4
et 6, pl. 11 ; puis il plaçait les unes à côté des autres
autant de chaudières qu'il y a de fois huit chevaux
dans la force de la machine à mouvoir.

Ces chaudières étaient montées d'un côté sur un
tisard en fonte régnant sur toute la façade du fourneau, de l'autre sur le tube d'alimentation en fonte
aussi, de sorte qu'elles n'avaient aucune communication avec la maçonnerie.

Il n'y avait qu'une grille pour toutes ; cette grille

avait pour largeur la longueur totale de la façade des fourneaux occupés par les chaudières, et était chargée par des portes placées dans l'entre-deux des chaudières, fig. 4, 6, pl. 11.

Les chaudières communiquaient toutes entre elles, sur le devant, par des coudes en fonte placés au niveau du diamètre horizontal, lequel indiquait le niveau de l'eau dans la chaudière; elles étaient donc à moitié pleines d'eau. Elles communiquaient en haut avec le tuyau de conduite de la vapeur au cylindre; ce tuyau portait une des soupapes de sûreté, l'autre étant sur une tubulure adaptée à l'autre extrémité. Sur le fond de derrière était un trou d'homme et une communication avec le tuyau d'alimentation.

Comme on le voit, il n'y avait aucun trou pratiqué sur les parois cylindriques, toutes les communications se faisaient par les fonds.

Les fonds en fonte étaient percés de quatre trous symétriquement placés pour les communications, ce qui faisait que la chaudière pouvait occuper quatre positions sur ses supports, et présenter ainsi successivement la totalité de la paroi cylindrique au feu.

Cette uniformité de chaudières avait un but. Quand une chaudière avait besoin de réparation, on enlevait les tuyaux de communication soit avec les chaudières voisines, soit avec les tuyaux de vapeur et d'alimentation. Puis, au moyen d'une grue mobile, on retirait la chaudière défectueuse et on la remplaçait par une autre de rechange.

M. Bourdon avait appliqué cette disposition à la machine du puits Manby de la force de 250 chevaux, et à celle de la forge, de la force de 120 chevaux.

Il l'avait de même appliquée à toutes les machines

de 8 et 16 chevaux employées soit pour l'extraction de la mine, soit dans l'usine.

Sans contester tout ce que pouvait avoir d'ingénieux ce mode de chauffage, il n'était pas à présumer qu'il se généralisât dans les grandes villes, et notamment à Paris, pour deux raisons:

1° Les chaudronniers auraient à livrer une masse de fonte considérable pour remplacer les briques que l'on emploie d'ordinaire. Si les industriels consentaient à payer cette fonte, cela serait fort bien, mais il n'en est pas ainsi généralement, attendu qu'ils achètent les machines munies de leurs chaudières pour un prix de.... et s'inquiètent peu qu'on leur mette plus ou moins de fonte.

2° Il y a une surface de refroidissement considérable, tant par les tisards que par les chaudières que l'on peut, il est vrai, recouvrir, mais que l'on ne peut recouvrir autant que les autres, sans quoi le système de rechange ne serait plus applicable.

A un, deux ou trois bouilleurs le système des chaudières est toujours le même; on peut même en mettre plus sans changer la disposition du foyer, mais on ne le fait pas généralement. M. Farcot cependant a imaginé le premier un système de chaudière à quatre bouilleurs, fig. 10, 13, pl. 11, qui mérite d'être mentionné.

La chaudière et les bouilleurs forment deux appareils distincts communiquant entre eux par en haut et par en bas, de manière à conserver le même niveau et à donner issue à la vapeur produite.

Les quatre bouilleurs sont superposés et communiquent entre eux deux à deux par leurs extrémités; ils sont en outre inclinés de manière à permettre à la vapeur de monter aisément au fur et à mesure qu'elle se produit.

Chacun de ces bouilleurs est dans un chenal en briques par lequel passe la fumée de la manière suivante :

Quand la fumée, partant du foyer, a traversé l'espace compris sous la chaudière, elle entre dans le conduit qui contient le bouilleur supérieur; au bout de ce conduit elle descend dans celui du bouilleur immédiatement inférieur, et ainsi de suite jusqu'au dernier, au bout duquel elle trouve la cheminée.

L'alimentation ayant lieu par le bouilleur inférieur, la chaudière de M. *Farcot* se trouve dans les conditions normales du chauffage, c'est-à-dire à courants contraires, l'air refroidi en contact de l'eau froide et réciproquement.

Depuis l'invention des chaudières tubulaires de *Séguin*, perfectionnées par Stephenson, il a été construit une quantité prodigieuse de chaudières de toutes formes, basées sur le même principe.

Ces chaudières sont tantôt à foyer extérieur, tantôt à foyer intérieur.

Les figures 11, 12, 14, 15, 16, 17, 18, 19, pl. 11, représentent une série de ces chaudières.

Le principal défaut de toutes ces dispositions, c'est de ne pouvoir être réparées aussi facilement que leurs devancières; il en est parmi elles qui ne présentent pas cet inconvénient, mais alors le diamètre des tubes est trop grand, et on a à craindre des explosions, et à ce propos nous indiquerons en passant que la précaution qu'il est très-important de prendre, quand on construit des tubes pour circulation de fumée dans l'intérieur d'une chaudière à vapeur, est de les faire passer dans une bague, ou de passer dans leur intérieur un mandrin qui les rend parfaitement ronds, la moindre ovalité les faisant céder et s'aplatir.

Ce fait a été constaté chez un des chaudronniers de Paris, au moment de l'épreuve par la presse hydraulique.

Le diamètre des tubes étant supérieur à 6 centimètres, diamètre maximum des chaudières de locomotives, l'épreuve eut lieu sous une pression triple, c'est-à-dire de trois fois deux et demi, ou sept et demi atmosphères.

Au moment où les soupapes allaient lever, un choc se fit entendre, c'était un tube qui s'aplatissait *horizontalement* à 1^m.50 environ d'une des extrémités; tous les autres avaient résisté.

On passe le mandrin et, quelques jours après, à la deuxième épreuve, au moment où les soupapes allaient lever, un nouveau choc se fit entendre : c'était le même tube qui s'aplatissait *verticalement,* à 2 mètres de l'extrémité opposée. On repassa de nouveau le mandrin dans son intérieur, et à la troisième épreuve il résista.

De ce fait, on peut conclure :

1° Que les tubes ronds ne résistent bien que quand ils sont parfaitement ronds, ce qu'on ne peut jamais garantir;

2° Qu'au-dessus de 8 centimètres, il faut une grande épaisseur aux tubes pour que l'on soit sûr qu'ils ne s'aplatiront pas. D'ailleurs ces épaisseurs se calculent aujourd'hui avec une grande certitude.

Pour utiliser des tubes à fumée d'un grand diamètre et d'une faible épaisseur, on a imaginé de les entretoiser par d'autres tubes à circulation d'eau.

Nous avons vu à l'Exposition de 1867 une disposition ingénieuse dans ce sens, due à M. Galloway, ingénieur à Manchester, dont plus de 400 chaudières de son système avaient été placées en Angleterre.

La figure 12, pl. 19, montre un seul tube bouilleur elliptique entretoisé par des tubes dont la figure 14, pl. 19, donne la forme à une plus grande échelle. Cette forme elliptique est plus favorable à la chauffe à périmètre égal.

La figure 13, pl. 19, montre deux tubes bouilleurs avec l'indication de deux modes d'entretoisement. Dans l'un, les tubes sont supposés être en droite ligne et verticalement. Dans l'autre, ils sont obliques en se croisant alternativement.

Il est facile de voir à la figure que les tubes sont placés par la partie supérieure la plus large, afin que le rebord inférieur, qui est rivé à la partie inférieure du bouilleur, puisse passer.

Cette disposition est une des plus pratiques et des mieux comprises. La forme conique exigée par la construction, favorise le dégagement de la chaleur. Les dépôts tombent au fond de la chaudière qui n'est chauffée que par les gaz en retour. Le nettoyage de ces tubes est facile à faire du dessus, et celui de la chaudière par bout.

Système de chaudières de M. Beslay.

En 1839, un mécanicien de Paris, M. Beslay, présenta à l'exposition un système de chaudière, à tirage pendant la chauffe, et devant rendre les explosions, sinon impossibles, du moins tellement faibles qu'il ne pouvait en résulter d'autre effet que l'extinction du feu.

Ces chaudières, accueillies favorablement par la commission des appareils à vapeur, purent, jusqu'à la promulgation de l'ordonnance royale du 22 mai 1843, jouir, à haute pression, des mêmes priviléges que les chaudières dites à basse pression, ce qui leur procura une vogue momentanée.

Le principe sur lequel elles reposaient était le suivant :

Soit A (fig. 20, 21, pl. 11), une chaudière munie, à sa partie inférieure, de bouilleurs verticaux B B.

En C, extrémité de ces bouilleurs, supposons une capacité fermée et n'ayant aucune communication avec eux fermés aussi; supposons, en outre, que, à la partie supérieure de cette capacité est un tube, d'un petit diamètre, établissant la communication entre cette capacité et la chaudière, en passant dans l'intérieur du bouilleur. (La figure ne représente pas ce tube.)

La longueur de ce tube est telle que sa partie supérieure débouche à 5 centimètres du niveau normal de l'eau dans la chaudière.

Quand la chaudière est régulièrement remplie d'eau, le tube et la capacité C sont aussi pleins d'eau.

Supposons maintenant que, par une cause quelconque, le niveau baisse assez pour laisser affleurer l'extrémité supérieure du tube.

La combustion ayant lieu dans le foyer, il continue à se produire de la vapeur qui s'échappe tant de l'eau des bouilleurs et de la chaudière que de celle de la capacité C. Comme cette capacité a cessé d'être en communication avec l'eau de la chaudière, son niveau supérieur baisse très-vite et elle ne tarde pas à se vider complétement.

Alors elle s'échauffe fortement, et si au lieu de la faire en tôle, on l'a construite en cuivre *soudé*, elle se désoude, et la calotte inférieure est projetée violemment sur le feu par la vapeur qui s'échappe de la chaudière et éteint ce dernier. L'explosion par abaissement du niveau de l'eau n'est donc pas possible.

Telle était la disposition primitive des chaudières de M. Beslay.

Plus tard, il n'en fut plus ainsi; les figures représentent en détail une chaudière modifiée de ce constructeur, dont les bouilleurs sont bien encore terminés par une capacité en cuivre rouge avec la calotte inférieure soudée, mais elle ne possède plus le tube mentionné plus haut. Ce tube a été remplacé par d'autres servant à faciliter la descente de l'eau dans les bouilleurs, et la sortie de la vapeur qui s'y forme, dans la chaudière. La capacité inférieure est maintenue en place au moyen des tirants et jambes de forces II assemblés à écrous.

On voit qu'il y avait dès cette époque un commencement de l'idée des tubes pendantifs, qui avait d'ailleurs été déjà patentée, en Angleterre, par Parkins.

Nous donnons (pl. 20, fig. 1) une chaudière à tubes pendantifs, analogue à celle de Field et construite par M. Girard.

L'inspection seule du dessin suffit pour montrer le mode de chauffage, le mode de circulation de l'eau et les avantages qu'offre ce système de chaudière, au point de vue de la sécurité, de l'utilisation du combustible et du peu d'emplacement, avec une puissance suffisante.

Le tube intérieur qui, dans la chaudière Field, se termine par un entonnoir, dépasse ici simplement le tube bouilleur de quelques centimètres, afin que la vapeur qui se dégage du tube bouilleur n'empêche pas l'entrée de l'eau dans le tube central.

Nous donnons ci-après un tableau donnant les prix de vente et l'emplacement occupé.

SURFACE de chauffe.	DIAMÈTRE.	HAUTEUR.	POIDS approximatif.	NOMBRE de tubes.	PRIX avec accessoires
m. carrés.	mill.	mill.	kilog.		francs.
1	0.500	1.00	220	8	500
2	0.600	1.20	280	20	700
4	0.800	1.70	600	27	1090
6	0.900	2.00	700	36	1350
8	0.950	2.15	1000	42	1800
10	1.000	2.30	1300	52	2200
15	1.200	2 38	2200	70	2860
20	1.300	2 50	2950	80	3250
30	1.400	3.00	3600	95	4500

QUELQUES MOTS SUR LES CHAUDIÈRES EN FONTE.

Les chaudières en fonte (pl. 12, fig. 1, 4) ne se construisent plus en deux parties reliées entre elles par
des boulons.

Le principal défaut que l'on ait reproché à ces chaudières, c'est de casser trop facilement sous l'influence
d'un échauffement ou d'un refroidissement brusque,
ce qui est vrai, car, quelques soins que l'on prenne,
les chaudières en fonte sont très-sujettes à se fendre
et par suite à éclater, ce qui provient principalement
de la manière dont elles ont été coulées et surtout refroidies dans les moules.

Les progrès que la chaudronnerie du fer a faits
rendent le retour à l'emploi de la fonte impossible,
notamment avec les hautes pressions qui sont usuel-
les aujourd'hui.

ARTICLE 2. — **Chaudières pour bateaux.**

On comprend, sous la dénomination de chaudières
pour bateaux, les chaudières employées à bord des
bateaux à vapeur pour machines, dans lesquelles la
pression de la vapeur ne s'élève pas à plus de deux
atmosphères.

Pour les formes, ces chaudières rentrent dans la
catégorie des chaudières de Watt, dont nous avons
parlé précédemment, c'est-à-dire qu'elles peuvent
affecter toute espèce de forme, pourvu que leur surface de chauffe soit un maximum, la surface totale
étant un minimum.

La condition première à laquelle doivent satisfaire

les appareils à vapeur employés pour la navigation, c'est d'être aussi légers que possible. Or, de toutes les chaudières, celles qui, avec leur fourneau, pèsent le moins, sont les chaudières à foyers et circulation intérieurs. Les chaudières de bateaux pouvant affecter toute espèce de forme sont, par conséquent, de cette nature.

Les figures 11, 13, 14, pl. 12, représentent la disposition qui, depuis longtemps, était préférée et généralement adoptée pour les générateurs.

Elle consiste en une, deux, trois, quatre, etc., chaudières, à foyers intérieurs, accolées les unes aux autres, et affectant extérieurement la forme intérieure des bateaux, de manière à ce qu'il y ait le moins de place possible de perdue.

L'air chaud s'échappant des divers foyers se répand dans de vastes carneaux en tôle, dont la surface est rendue maxima par une série de contours qui allongent le chemin parcouru par la fumée, et lui permettent de se refroidir suffisamment avant de se rendre à une cheminée commune à toutes les chaudières. Comme les figures l'indiquent, l'eau n'a partout qu'une épaisseur de un décimètre environ, excepté à la partie supérieure du foyer où cette épaisseur est double, afin d'éviter que la tôle de cette partie soit jamais chauffée à sec. Ces grands carneaux ont de plus l'avantage de pouvoir être facilement nettoyés, un homme ou un enfant y circulant librement.

Les sels se déposent à la partie inférieure d'où on les retire, soit par intermittence, par les orifices f, f', quand les eaux ne sont pas très-chargées, comme l'eau de la Seine, par exemple, soit continuellement, au moyen de pompes, par les tuyaux g, g', quand les

eaux sont salées. Dans ce cas, ce ne sont pas les dépôts proprement dits qu'on enlève, mais seulement
des dissolutions très-saturées de sel marin qui, par
leur partie supérieure, se trouvent nécessairement à
la partie inférieure de la chaudière.

Ces *eaux-mères*, comme on les appelle, ne sont pas
envoyées directement à la mer, au fur et à mesure
que les pompes les enlèvent; elles passent auparavant
dans un serpentin circulant dans l'eau d'alimentation
qu'elles maintiennent ainsi à la température de 100
degrés.

Pour les rendre susceptibles de résister à une pression de 2 atmosphères et plus, pour les cas extraor-
dinaires, les parois sont, deux à deux, reliées par des
boulons espacés de 50 centimètres les uns des autres,
et empêchant ainsi l'écartement qui pourrait provenir
d'un excédant de pression. La pose de ces boulons
est assez délicate en ce sens qu'il faut éviter les fuites,
lesquelles, quoi qu'on fasse, se manifestent de temps
en temps, par suite des dilatations inégales des feuilles
de tôle.

La première objection qui vient naturellement à
l'idée, en examinant la disposition d'une chaudière
comme celles que nous venons de décrire, c'est qu'il
faut qu'elles soient immenses, proportionnellement à
d'autres, pour avoir une surface de chauffe susceptible d'alimenter une machine, et alors vient cette
observation, à savoir : que le problème de la plus
grande surface de chauffe, sous le plus petit volume,
n'est pas résolu, et qu'on le résoudrait facilement en
ayant recours aux mêmes moyens que ceux qui ont
été employés pour les locomotives.

De là l'origine des chaudières tubulaires pour ba-

teaux, chaudières que, par un arrêté, le ministère de
la marine prescrivit à tous les nouveaux bâtiments
de la marine de l'Etat.

Ces chaudières, en effet, satisfont bien plus complétement que les anciennes à toutes les conditions
du chauffage de la vapeur en grande masse dans un
petit espace, et sont infiniment plus faciles à construire et à réparer. Ce qui les a tenues éloignées pendant longtemps de la navigation, et qu'aujourd'hui
seulement on les apprécie, c'est que l'on donnait aux
tubes des diamètres trop petits qui ne permettaient
pas l'emploi de la houille, parce que cette dernière
dégage une assez grande quantité de suie qui les
obstruait. Il fallait alors employer le coke, ce qui
augmentait par trop le prix de la vaporisation. Aujourd'hui on donne à ces tubes 10 à 12 centimètres
de diamètre et ils ne s'engorgent pas; on arrive ainsi
à produire une quantité de vapeur double avec une
chaudière dont le volume est le même que dans l'ancien système.

De plus, la pression peut être poussée plus loin
qu'avec les chaudières à parois planes.

Certains constructeurs ayant voulu appliquer leurs
systèmes de machines à la navigation, et ces systèmes
ne comportant pas la condensation, il leur a fallu
avoir recours aux chaudières cylindriques à bouilleurs.
Depuis, plusieurs autres les ont bien à tort imités,
quoique certainement la dépense en combustible soit
plus considérable à haute qu'à basse pression, dans
le cas de navigation. Les figures 3 et 6, pl. 13, indiquent la disposition que l'on adopte alors pour les
générateurs et leurs foyers. Il n'y a qu'une seule
grille se chargeant par plusieurs portes; il n'y a pas

ou presque point de maçonnerie; le fourneau est enveloppé de tôle, et l'air peut circuler librement tout autour. Les chaudières communiquent toutes entre elles par en haut et par en bas, de manière que le niveau de l'eau est le même partout.

Les chaudières à faces planes et les chaudières cylindriques à deux bouilleurs ne sont pas les seules que l'on ait employées pour bateau. Comme pour les machines fixes, on a eu recours aux formes les plus variées et parfois les plus bizarres pour obtenir un maximum de surface de chauffe, dans un minimum d'espace.

Les figures 8 et 9, pl. 13, indiquent une chaudière verticale analogue à celle de la figure 16, pl. 11. La fumée monte d'abord, puis redescend par neuf tubes dans une caisse inférieure où viennent se réunir les fumées de toutes les chaudières, pour de là se rendre à la cheminée. L'utilisation du calorique est suffisante, mais la construction est difficile, et la réparation impossible. Toute chaudière qui a des tubes, doit permettre un accès facile vers les extrémités de ces tubes.

Les figures 4 et 5, pl. 13, représentent la chaudière du *Citis*, bateau à vapeur qui fit explosion à Châlons-sur-Saône, et tua 11 personnes. C'était heureusement pendant les essais, et il n'y avait que 20 personnes à bord. Quand on examine de près ce système de chaudière, on remarque que, d'une part, la paroi située au-dessus du foyer peut se découvrir facilement, pour peu que le bateau plonge plus d'une extrémité que de l'autre; d'autre part, la vapeur ne pouvant pas s'échapper très-librement du bouilleur, s'accumule à sa partie supérieure et en chasse l'eau. Aussi peut-on dire, à l'occasion de cette chaudière, que l'épreuve à la presse hydraulique est certainement une bonne chose, mais que l'examen des formes serait quelquefois infiniment plus efficace.

On resta indécis sur la cause réelle de l'explosion du *Citis*. Deux points de la chaudière ont pu l'occasionner.

1° Le bouilleur n'ayant qu'un petit orifice pour l'écoulement de sa vapeur, et pouvant, à la faveur d'une légère inclinaison longitudinale, être chauffé au rouge en *a*, par suite d'une chambre que forme la vapeur qui s'accumule en ce point.

2° La paroi *b*, au-dessus du foyer, qui, à la faveur de la même inclinaison, peut se trouver aussi à sec.

Dans l'un et l'autre cas, l'état sphéroïdal a pu se produire.

Or, il a été précisément constaté que, au moment de l'événement, le bateau plongeait plus du côté *c* que du côté *b*. On voit par là combien il est dangereux d'employer pour bateaux des chaudières dont les surfaces de chauffe peuvent facilement être découvertes par suite d'une position normale, ou dans lesquelles la vapeur ne peut pas toujours librement monter, quelle que soit leur position.

Nous devons dire toutefois, à propos de l'état sphéroïdal, et en passant, que les idées nouvelles sur cet état particulier de l'eau, tendraient à ne plus le rendre responsable des terribles explosions qui surviennent dans les générateurs.

Dans les chaudières à parois planes, le volume occupé par les chaudières et leur poids est considérable, eu égard à la surface de chauffe qui dépasse fort peu 1^{m2} par cheval, alors qu'il faudrait $1^m.50$ au moins et mieux $1^m.80$ à 2^{m2}.

L'emploi de la chaudière tubulaire permet au contraire de diminuer le poids et le volume, tout en permettant une bonne utilisation du combustible et une production rapide de vapeur.

Nous donnons pl. 19, fig. 18, 19, une chaudière pour canot à vapeur, par M. Claparède, constructeur à Saint-Denis. Cette chaudière est tout en acier. Les tubes sont en laiton. Nous en indiquons avec soin tous les détails de fabrication.

On voit que le foyer est intérieur. Les gaz, au sortir de la grille, envahissent une chambre ou *boîte à feu*, d'où ils reviennent par les tubes qui, de cette même boîte à feu, aboutissent à l'avant dans la *boîte à fumée*. Celle-ci est ouverte suivant le contour indiqué par les tubes, pour que l'on puisse facilement les nettoyer. Les gaz retournent de nouveau dans l'intérieur de la chaudière, par un tube central qui la traverse à sa partie supérieure, en la consolidant. La cheminée traverse le réservoir de vapeur pour venir se fixer à ce tube.

Il est facile de voir qu'il n'y a rien à craindre ici des mouvements de tangage ou de roulis, et que la vapeur obtenue sera toujours sèche.

La chaudière tubulaire, dont la première application a été faite aux locomotives, ne s'emploie pas seulement dans la navigation. Elle s'emploie aussi dans l'industrie, et avec une très-grande généralité. Le même M. Girard dont nous avons fait connaître la chaudière à tubes pendantifs, en construit une à tubes croisés, avec tampons disposés pour le nettoyage et au besoin pour le démontage des tubes.

Nous donnons les dessins d'une chaudière tubu-

laire mixte due à M. Lecherf, ingénieur à Lille, pl. 19,
fig. 22, 23, 24, 25.

Cette chaudière est à bouilleurs et à fonds plats
étrésillonnés à l'intérieur. Le foyer est en dessous, la
flamme enveloppant les deux bouilleurs et le bas de
la chaudière ; la fumée revient ensuite à travers la
chaudière, dans des tubes disposés de façon à laisser
au milieu un passage libre et suffisant pour le fonctionnement du flotteur, pour le dégagement de la
vapeur des bouilleurs et pour le nettoyage des tubes
et du fond de la chaudière, un homme pouvant entrer dans le générateur par un trou d'homme disposé
à la partie inférieure. Les gaz retournent vers la cheminée, le long de la chaudière et à sa partie supérieure, mais extérieurement, une couche de briques
préservant la tôle non mouillée.

Il résulterait d'expériences faites que cette chaudière aurait vaporisé 9 kil. 50 d'eau par kilogramme de
houille, ce qui paraît exagéré, ce résultat correspondant presque au rendement théorique des calories
que peut donner 1 kilog. de bon combustible, si on
tient compte de la chaleur entraînée dans la cheminée.

Avant d'arriver aux chaudières de locomotives, et
comme par une raison de transition, nous allons
donner une chaudière construite par M. Lotz, de
Nantes, pour ses locomotives routières.

Les figures 26, 27, pl. 19, représentent cette chaudière verticale, la grille se trouvant environ au tiers
de sa hauteur.

Les tubes descendants, en plus grand nombre mais
d'un plus petit diamètre, sont en cuivre. Les tubes
ascensionnels, d'un plus gros diamètre et plus longs,
sont en fer.

Des tampons sont ménagés pour enlever les incrustations à la partie inférieure.

Les chaudières tubulaires mixtes sont employées en grand nombre dans l'industrie, et chaque fabricant de chaudières a aujourd'hui son type qu'il préconise.

Nous indiquons, pl. 20, fig. 2, la disposition générale d'un générateur de cette nature construit par la compagnie de Fives-Lille et offrant une surface totale de 140 mètres carrés.

Cette disposition a une grande analogie avec une chaudière semblable construite par M. Farcot. Ce dernier constructeur rend le faisceau tubulaire amovible en l'attachant au corps de la chaudière par des boulons.

L'idée de l'amovibilité des tubes est revendiquée concurremment d'une part par M. L. Chevalier, de Lyon, d'autre part par M. Thomas, de Paris, qui ont breveté cette disposition à quelques mois d'intervalle. Dans la disposition de M. Chevallier, les tubes, au lieu d'être droits, se recourbent vers l'arrière de la chaudière pour revenir sur la même plaque de devant. De sorte que la plaque de devant offre l'ouverture du foyer, et au-dessus la boîte à fumée.

La chaudière pour locomobile de M. Chevallier, grâce à cette disposition, est une des premières qui ont donné un bon résultat au point de vue de l'utilisation du combustible.

Plusieurs de ses chaudières, à flamme directe ou à courant renversé, figuraient à l'Exposition de 1867.

ARTICLE 3. — Chaudières pour locomotives.

Les chaudières de locomotives, dont l'emploi s'est successivement introduit dans les appareils à vapeur pour usines et pour la navigation, sont basées sur le principe suivant :

La somme des périmètres d'un nombre de surfaces formant ensemble une surface donnée, est d'autant plus grande que le nombre des surfaces composantes est plus considérable.

Ainsi, 50 cercles ayant pour surface totale un mètre carré, les cinquante circonférences correspondantes forment une longueur totale plus considérable que celle de la circonférence d'un cercle dont la surface est de un mètre carré.

On démontre facilement ce principe de la manière suivante :

Si π représente le rapport de la circonférence au diamètre, on a :

Surface de cercle dont le rayon est r. . . πr^2
Circonférence de ce cercle : $2\pi r$

De même :

Surface du cercle dont le rayon est R, πR^2
Circonférence de ce cercle : $2\pi R$

Soit A une surface, n le nombre de fois que πr^2 est renfermé dans A, et N le nombre de fois que πR^2 y est renfermé aussi, on a :

n multiplié par πr^2 égale A

ce qui s'écrit algébriquement ainsi :

$$n \times \pi r^2 = A \qquad (1)$$

on a de même :

$$N \times \pi R^2 = A \qquad (2)$$

Si p et P représentent la somme des périmètres des circonférences dans les deux cas, on a :

$$n \times 2 \pi r = p$$
$$N \times 2 \pi R = P$$

on en déduit la proportion :

p est à P comme $n \times 2 \pi$ est à $N \times 2 \pi R$,

ce qui s'écrit algébriquement ainsi :

$$p : P :: n \times 2 \pi r : N \times 2 \pi R$$
$$:: nr : NR$$

d'après les deux égalités posées plus haut (1 et 2) on a :

$$n \times \pi r^2 = N \times \pi R^2$$

d'où
$$n r^2 = N R^2$$

$$r \sqrt{n} = R \sqrt{N}$$

et
$$r = R \sqrt{\frac{N}{n}}$$

la proportion devient :

$$p : P :: n R \sqrt{\frac{N}{n}} : NR$$

et en réduisant :

$$p : P :: n \sqrt{\frac{N}{n}} : N$$

soit $n = 1$ il vient :

$$p : P :: \sqrt{N} : N$$

1° Pour N plus grand que 1, la somme des périmètres est plus grande que pour N $=$ 1, car $\sqrt{N}$ est toujours plus petit que N.

2° Pour N allant en croissant depuis 1 jusqu'à l'infini, la différence entre p et P devient de plus en plus grande, car N $- \sqrt{N}$ devient de plus en plus grand, comme l'indique le petit calcul suivant.

Soit n un nombre, son carré est n^2, et le carré de ce nombre augmenté de une uuité est :

$$n^2 + 2n + 1.$$

La différence entre n^2 et sa racine est :

$$n^2 - n = n(n-1)$$

La différence entre $n^2 + 2n + 1$ et sa racine est :

$$n^2 + 2n + 1 \ldots (n+1) = n(n+1)$$

Or $n+1$ est plus grand que $n-1$; la différence entre $(n+1)^2$ et sa racine $n+1$, est donc plus grande que celle entre n^2 et sa racine n.

En représentant $n+1$ par n' et $n+2$ par $n'+1$, on démontrera de même que la différence entre $(n+2)^2$ et $n+2$ est plus grande que celle entre $(n+1)^2$ et $n+1$.

Donc, plus le nombre est grand, plus la différence entre ce uombre et sa racine est considérable.

Il résulte de là, que pour avoir la plus grande somme de périmètres possible, il faut que N, mentionné plus haut, soit le plus grand possible. Dans ce cas, R diminue proportionnellement, comme l'indique la relation (2) d'où on tire :

$$R = \sqrt{\frac{A}{N\pi}}$$

plus N est grand, plus le dénominateur de la fraction est grand, plus la fraction est petite.

L'idée d'appliquer aux chaudières des locomotives, ce principe connu depuis longtemps, est dû à M. *Séguin*, ingénieur français, et à M. *Stéphenson*, ingénieur anglais. Grâce à cette innovation, les locomotives ont pu devenir ce qu'elles sont aujourd'hui, et les chemins de fer ont pu prendre de nos jours l'extension considérable que l'on connaît.

Les chaudières de locomotives, dites chaudières tubulaires (fig. 11, pl. 13), se divisent en trois parties principales, savoir :

1° La caisse à feu.
2° Le corps.
3° La boîte à fumée.

La *caisse à feu* A, fig. 12, pl. 13, est composée de deux capacités parallélipipèdes rectangles, placées l'une dans l'autre, celle extérieure se terminant supérieurement par un dôme de forme quelconque.

La capacité extérieure est en tôle de fer ; la capacité intérieure en tôle de cuivre : c'est dans cette dernière qu'est le foyer. L'espace de 10 centimètres d'épaisseur environ, compris entre elles deux est rempli d'eau et de vapeur ; c'est une portion de l'intérieur de la chaudière.

Afin de rendre les parois plus résistantes à la pression intérieure de la vapeur, elles sont reliées de dix en dix centimètres par des vis en cuivre à bout rivé ; de cette manière, elles résistent à des pressions très-élevées.

Le *corps de la chaudière* B est la partie où se fait

Chaudronnier. |21

le chauffage par circulation de la fumée dans les tubes. Ce corps est cylindrique, en tôle de fer.

Les tubes sont assemblés d'une part avec la paroi de la caisse à feu, opposées à la porte, et de l'autre avec une plaque de tôle forte, formant le corps de la chaudière du côté de la boîte à fumée.

Cet assemblage se fait au moyen de viroles tantôt pleines, tantôt à clavettes, système *Stehelin* et *Huber*. Malgré les avantages qu'elles semblent offrir pour la fermeture des fentes et les réparations, les viroles à clavettes ont eu peu de succès.

Nous donnons, pl. 19, fig. 20, le mode d'emmanchement des tubes de M. Berendorf, ainsi que l'appareil Dudgeon, pl. 19, fig. 15, 16, 17, pour la pose de ces mêmes tubes.

La pose des tubes est une des opérations les plus importantes des chaudières tubulaires, les tubes étant encrassés et facilement attaqués par les dépôts, beaucoup plus par la fumée. L'emmanchement doit donc être tel qu'on puisse facilement les démonter, les nettoyer et les remettre, c'est ce que réalise parfaitement le système Berendorf, exploité par plusieurs chaudronniers.

L'emmanchement de chaque tube se fait au moyen d'une tringle en fer L, pl. 19, fig. 20, taraudée des deux bouts et portant à chaque extrémité une rondelle M ou M' de formes différentes, et les écrous m et m'.

L'une de ces rondelles M porte sur le bout du tube seulement, tandis que l'autre M' au contraire, porte sur le fond de la chaudière.

Pour emmancher les tubes, il faut que la rondelle M' porte sur le fond qui a le plus petit alésage, et en tournant l'écrou m', l'on fait avancer le tube dont les renflements tournés à chaque bout viennent s'ajuster dans les trous alésés à cet effet; il est urgent, en même temps que ce serrage a lieu, de frapper quelques coups de marteau sur l'écrou m pour faciliter l'opération.

Pour les retirer, l'inverse doit être fait, c'est-à-dire que la rondelle M' et l'écrou m doivent être posés à l'extérieur du fond qui a le plus grand alésage. — Cette disposition fait disparaître toute difficulté de montage des tubes, ainsi que l'inconvénient résultant de l'étranglement des orifices des tubes par les viroles intérieures, et le nettoyage des chaudières tubulaires peut se faire très-commodément et à volonté en enlevant tout ou partie desdits tubes sans les détériorer et quelle que soit l'épaisseur du tartre.

L'appareil Dudgeon, employé avec un grand succès aux ateliers du chemin de fer du Nord, agit d'une manière différente de celui de M. Berendorf. Son action consiste à laminer le tube dans l'ouverture pratiquée dans le fond, et ce laminage a lieu par l'effet de trois galets, actionné par une broche légèrement conique qui tourne à l'aide d'une clef ou d'une manivelle.

Ce laminage produit un joint parfaitement étanche aux plus hautes pressions, quand même le trou ne serait pas parfaitement rond.

La surface de chauffe par contact est égale à la somme des périmètres des petits tubes multipliés par leur longueur.

Dans le manuel du *Constructeur de Machines locomotives,* il a été traité fort longuement de cette question, et on émettait l'avis que, pour augmenter la surface de chauffe, on ferait peut-être bien d'augmenter la largeur de la voie, non sur les chemins existants, mais sur ceux à venir.

Dans l'impossibilité d'obtenir de ce côté, pour les chemins existants, l'augmentation indispensable de la surface de chauffe, les constructeurs ont pris le parti d'augmenter la longueur du corps de la chaudière; ce corps qui autrefois avait pour longueur deux fois son diamètre, a aujourd'hui trois ou quatre fois ce diamètre, ce qui procure une grande économie dans le combustible.

La *boîte à fumée* est destinée à établir la communication entre les tubes et la cheminée. Autrefois, elle se prolongeait inférieurement de manière à recevoir les cylindres à vapeur qui, dans une atmosphère de trois à quatre cents degrés, se tenaient toujours chauds, et permettaient à la vapeur d'agir avec toute sa force. Mais cette disposition des cylindres présentait des inconvénients. Aujourd'hui on met les cylindres en dehors adossés à la boîte à fumée, et portés par le châssis, ce qui ne modifie la chaudière que d'une manière insignifiante.

C'est dans la construction des chaudières de locomotives, que l'on a commencé à supprimer les cornières, et à les remplacer par un emboutissage des contours de l'une des feuilles à assembler, comme le représente la figure. Cela a eu pour effet de diminuer beaucoup la main-d'œuvre pour la pose des rivets, laquelle est assez considérable dans les appareils qui exigent un grand soin, et le poids s'est trouvé aussi quelque peu diminué.

Le combustible des locomotives étant le coke, la grille est en fer forgé, et composée de barreaux très-minces, espacés de 10 centimètres les uns des autres.

La surface de la grille varie entre $0^{m.q.}80$ et $1^{m.q.}20$, en moyenne elle est de $1^{m.q.}00$, et peut brûler 500 kilogrammes de coke par heure, ce qui fait 5 kilogrammes par décimètre carré, quantité énorme par rapport aux foyers à houille qui ne consomment que 0 k.65 de combustible par décimètre carré et par heure.

La hauteur du combustible sur la grille peut être de $0^m.60$.

Le diamètre des tubes varie entre 5 et 10 centimètres. Leur nombre varie entre 100 et 120. Il est bon de ne pas en mettre à la partie inférieure, de manière à laisser au moins un décimètre entre les derniers tubes et le bas du corps de la chaudière, parce que les dépôts qui se forment en cet endroit ont bientôt envahi les tubes inférieurs, et alors ils sont brûlés en peu de temps.

Ce que l'on doit rechercher avant tout dans les chaudières de locomotives, c'est qu'elles puissent se nettoyer facilement ; et cela est d'autant plus important que le nettoyage de ces chaudières est fort difficile, leur mode de construction ne permettant pas de pénétrer dans l'intérieur.

La partie inférieure de la caisse à feu est celle qui subit en premier l'influence désastreuse des dépôts. Elle doit être munie de huit tampons à vis, ayant huit à dix centimètres de diamètre, et disposés aux angles de manière à ce qu'on puisse pénétrer facilement entre les deux parois avec des ringards en fer, et faire partir les dépôts qui y sont fixés.

Avant de passer aux appareils de sûreté, nous dirons quelques mots des chaudières de *locomobiles* que la chaudronnerie livre aujourd'hui en si grand nombre à l'industrie. On peut dire que pour ces petites machines c'est la chaudière qui en fait la valeur.

Plusieurs maisons se sont attiré une juste réputation pour leur système de locomobile, dont une variété très-grande avait été exposée en 1867. Cail, Calla, Fives-Lille, Thomas et Laurent, Farcot, Girard, Durenne, Damey, etc., tous ces constructeurs, et bien d'autres encore, avaient exposé des locomobiles.

Une revue, même rapide, de chacun de ces systèmes nous entraînerait hors de notre cadre.

Nous nous bornons à donner une silhouette ou monographie, pl. 19, fig. 21, d'une chaudière de locomobile du type de la maison Cail et Cᵉ, en la complétant ici d'un tableau qui permettra d'établir une série de ces chaudières depuis deux chevaux jusqu'à seize.

CHAUDIÈRES POUR LOCOMOBILES.

Force en chevaux..	2	4	6	8	12	16
Timbre de la chaudière.	6	6	6	6	6	6
Epaisseur des tôles du corps cylindrique de la chaudière..	7	8	8.5	9	10	10.5
— des tôles du foyer..	8	9	10	10.5	11.5	12
— des tôles du corps cylindrique de la boîte à feu..	9	10	11	11.5	12.5	13
— des tôles de la calotte de la boîte à feu.. .	14	14	15	15	16	16
— des tôles de la plaque tubulaire du foyer..	105	12	13	13.5	15	15.5
— des tôles de la plaque tubulaire de la boîte à fumée.	15	15	16	16	17	17
Nombre des tubes..	8	13	16	20	28	34
Diamètre extérieur des tubes.	70	70	70	70	70	70
Longueur des tubes entre les plaques tubulaires.	1.738	2.045	2.280	2.938	2.833	3.109
Epaisseur des tubes en fer étiré.	3	3	3	3	3	3

CHAUDIÈRES POUR LOCOMOBILES (Suite).

De l'axe de la boîte à feu à celui de la cheminée.	2.147	2.520	2.820	3.004	3.543	3.884
Diamètre moyen de la chaudière.	450	550	630	700	770	850
Diamètre intérieur du dôme.	583	694	776	847	950	1.00
Hauteur du dôme.	1.180	1.380	1.540	1 650	1.760	1.860
Hauteur du foyer.	590	690	745	830	880	930
Diamètre intérieur du foyer.	450	550	630	700	800	850
Surface de chauffe du foyer.	0.70	1.07	1.26	1.88	207	2.66
— — des tubes.	2.93	5.60	7.69	10.11	16.70	22.25
Surface de chauffe totale.	3.64	6.670	8.95	11.99	18.77	24.51
On ne met des bagues dans les tubes que du côté de la boîte à feu.						
Hauteur totale du cendrier.	180	200	210	220	240	260
Surface de la grille.	0.1590	0.1727	3117	3848	0.5026	0.5674
Epaisseur des barreaux.	11	12	12	13	13	13
Distance entre deux barreaux consécutifs.	8	9	9	9	9	9
En résumé, la surface de chauffe par cheval est.	1.80	1.65	1.50	1.50	1.55	1.55

ARTICLE 4. — **Appareil de sûreté.**

Parmi les appareils de sûreté, on considère :

1° Les appareils prescrits.
2° Les appareils non prescrits.

Les premiers sont ceux qui ont été reconnus comme les plus efficaces, les moins susceptibles de dérangement ou de réparations, et les moins coûteux, par la Commission chargée de cette question.

Les seconds sont ceux qui peuvent remplir le même but que ceux prescrits, ou leur sont adjoints comme rendant plus facile l'usage des appareils à vapeur.

Ces appareils sont au nombre de quatre, savoir :

Les soupapes de sûreté.
Les manomètres.
Les indicateurs du niveau de l'eau.
Les flotteurs d'alarme.

§ 1ᵉʳ. — SOUPAPE DE SURETÉ.

Il existait primitivement plusieurs espèces de soupapes de sûreté. Les unes à charge directe, les autres à levier ; les unes à ailettes, les autres à lanterne ; les unes recevant la charge sur le centre de leur tête suffisamment bombée, les autres la recevant par l'intermédiaire d'une tige en fer terminée par deux cônes.

Aujourd'hui les types de soupapes de sûreté sont moins variés. La haute pression employée partout a forcément obligé à faire usage de poids fixés à l'extrémité de leviers.

On employait auparavant la soupape à lanterne de préférence à la soupape à ailettes, parce que celles-ci étant quelquefois dressées à la lime, il s'ensuivait que le point d'application du pointeau n'était pas dans le prolongement de l'axe inférieur, ce qui avait pour effet de faire lever la soupape par côté avant la pression normale.

Aujourd'hui ces pièces mises sur le trou sont tournées et ajustées avec une très-grande exactitude, et la disposition à ailettes est la seule préférée, pl. 20, fig. 11 et 12. La soupape appuie par son rebord sur un siège annulaire mince sur lequel elle est parfaitement rodée. Il est bon de laisser venir extérieurement une douille à six pans permettant le rodage et marche à l'aide d'une clef, quand la soupape fuit pour une toute autre cause qu'un excès de pression.

La soupape de sûreté est, de tous les appareils prescrits, le plus important. Il faut en surveiller avec soin l'exécution, la pose et la marche, et ne jamais tolérer qu'elle soit surchargée, ce que font plusieurs chauffeurs qui préfèrent avoir recours à ce procédé dangereux pour arrêter les fuites, plutôt que de roder.

Cette infraction des chauffeurs est si grave, et en même temps si générale, que l'on a cherché souvent un moyen de l'empêcher. Un ingénieur anglais, Wood, a proposé dernièrement la disposition indiquée, pl. 20, fig. 13, qui paraît, en effet, de nature à atteindre le but que l'on se propose. En effet, il est facile de voir qu'en chargeant la soupape on l'oblige à s'ouvrir.

Pour calculer le diamètre d'une soupape, on fait usage de la formule empirique

$$d = 2p\sqrt{\frac{s}{n - 0,412}}$$

que l'expérience a reconnue bonne, et qui est donnée
dans les prescriptions de 1842, avec un tableau pour
les divers·cas.

n, nombre d'atmosphères.

s, surface totale de chauffe en mètres carrés.

d, diamètre de la soupape.

Pour calculer la charge d'une soupape, la même
ordonnance en donne toutes les indications. Nous
allons en indiquer ici la marche.

On peut avoir à déterminer ou le poids à mettre
à l'extrémité d'un levier donné, ou la longueur du
levier à l'extrémité duquel il faut suspendre un poids
donné, ou la pression à laquelle correspondent un
poids et un levier donnés.

Soit *a* le point d'osculation du levier; *b,* le point
d'application direct de l'effort P; *c,* le point d'application du contre-poids *p* (voir la figure ci-après).

On aura évidemment, dans le cas de détermination
du contrepoids, à établir la proportion suivante :

$$ab : ac :: p : P. \text{ D'où } p = \frac{ab \times P}{ac}$$

Dans le cas de détermination de la pression, on
aura :

$$P = \frac{ac \times p}{ab}$$

et, en divisant P par le nombre de centimètres carrés
de la surface de la soupape, on aura sensiblement la
pression de la chaudière.

Pour déterminer la longueur du bras de levier avec le poids p, et pour une pression de trois atmosphères, par exemple, on détermine le poids direct P à l'aide de cette donnée, et on a :

$$a c = \frac{a\,b \times P}{p.}$$

Nous n'avons pas tenu compte dans le calcul ni du poids de l'atmosphère, ni de celui de la soupape même. On tient compte aisément de la première quantité en ce qu'elle conduit à une tension plus forte de une atmosphère ; quand à la seconde, il faut peser exactement la soupape.

Dans les locomotives, les soupapes ne diffèrent des soupapes de sûreté ordinaires que parce qu'elles ne sont pas chargées au moyen de poids, mais au moyen de ressorts, pl. 14, fig. 5, 6. On comprendra facilement pourquoi, si on observe que les mouvements oscillatoires de ces appareils en marche font osciller les poids dont la gravité au lieu d'être constamment verticale, se trouve ainsi dirigée de côté et d'autre, et se décompose en deux forces parmi lesquelles celle qui charge la soupape est toujours moindre que la *résultante*, et permet à la soupape de lever avant que la vapeur ait atteint sa tension maxima. D'autre part, les poids qui chargent les soupapes seraient pour les locomotives un surcroît fort inutile de matériel pesant.

Les soupapes de locomotives sont aujourd'hui l'objet d'une construction soignée. — MM. Montigny et Guettier sont les deux constructeurs les plus connus pour la bonne exécution des *balances* pour soupapes de sûreté de locomotives.

§ 2. MANOMÈTRES.

Il existe deux classes de manomètres, savoir :

1re *classe.* — Manomètres basés sur la densité d'une colonne de mercure faisant équilibre à la pression intérieure de la vapeur, dite *manomètre à air libre.*

2º *classe.* — Manomètres basés sur la loi de *Mariotte* que les volumes des gaz sont en raison inverse des pressions, dits *manomètres à air comprimé.*

Les manomètres à air libre étaient exclusivement employés pour chaudières dites à basse pression, et les manomètres à air comprimé étaient tolérés pour chaudières dites à haute pression.

Aujourd'hui, le manomètre à air comprimé est rejeté dans tous les cas par les raisons suivantes :

1º La difficulté que l'on éprouve pour le graduer exactement.

2º Le peu de temps pendant lequel ceux que construisent les fabricants fonctionnent.

En effet, pour graduer un manomètre à air comprimé il faut tenir compte de la densité du mercure, ce qui, quand le tube est bien calibré, exige un calcul, et, quand il ne l'est pas, nécessite l'emploi de la presse hydraulique et d'un *étalon* à air libre.

Pour éviter le calcul relatif à la densité du mercure et n'avoir à graduer que suivant le principe de la loi de Mariotte, qui est fort simple, on a imaginé de mettre la branche horizontale (pl. 14, fig. 10).

Dans ce cas, il faut que le tube soit d'un petit diamètre, pour bien fonctionner.

Quant au dérangement des manomètres, il est la

conséquence de la manière dont ils sont généralement exécutés.

La plupart des manomètres à air comprimé sont
construits comme l'indique la figure 15, pl. 14. Ces
manomètres sont mauvais parce que, quand la chaudière se refroidit, la vapeur se condensant fait descendre la pression au-dessous de celle de l'atmosphère
qui est celle de l'air du tube manométrique en équilibre, et alors cet air repousse le mercure sous lui, et
vient se dégager dans la cuvette. Le lendemain, quand
on fait du feu, la quantité d'air comprimé ayant varié,
les indications du manomètre sont fausses.

Il faut qu'un manomètre à air comprimé soit construit comme l'indique la figure 11, c'est-à-dire que
le tube en verre plonge suffisamment dans la cuvette
pour que le vide se formant dans la chaudière, l'air
ne puisse jamais sortir du tube.

Comme on le voit, si le manomètre à air comprimé
n'eût eu que cet inconvénient, son emploi n'aurait
pas été supprimé; mais il est difficile à bien graduer
et sujet à donner des indications différentes suivant
la température du lieu dans lequel on le place, car
l'air qu'il contient se contracte proportionnellement
aux pressions, mais aussi se dilate proportionnellement aux températures. Il est en outre altéré par le
mercure.

Le manomètre à air libre est excessivement facile
à graduer. Il suffit de mesurer sur l'échelle autant de
fois 0m.76 qu'elle peut contenir cette longueur pour
déterminer le nombre d'atmosphères qu'il peut indiquer. On le gradue en dixièmes d'atmosphères.

Le manomètre prescrit autrefois par l'administration était fort simple; il consistait en une cuvette, et

tube en verre et un second tube en fer creux, chargé de transmettre au mercure la pression de la vapeur. Ce tube était plein d'eau, de sorte que jamais la vapeur n'était en contact avec le mercure de la cuvette.

Ce manomètre, que la concurrence permettait aux industriels de se procurer pour 45 fr., présentait deux inconvénients :

1° De se placer difficilement dans le local d'une chaudière, lorsqu'il était pour haute pression.

2° D'être très-casuel.

Aussi ne s'est-il pas écoulé beaucoup de temps entre la promulgation de l'ordonnance du 22 mai 1843 et la mise au jour d'une foule de perfectionnements au manomètre prescrit. Parmi ces perfectionnements, il en est quatre principaux qui méritent d'être cités : deux de ces perfectionnements avaient pour but d'éviter la casse du tube,

Deux avaient pour but de diminuer l'espace occupé par l'appareil.

Les deux premiers étaient :

Le manomètre de Desbordes,
Le manomètre de Decoudun.

Les deux derniers étaient :

Le manomètre de Galy-Cazalat,
Le manomètre de Richard.

1° *Manomètre de* DESBORDES.

Ce manomètre (pl. 14, fig. 13) consiste en un tube en fer A de 2 à 3 millimètres de diamètre environ, recourbé intérieurement et rempli de mercure jusqu'en haut. A l'une de ses extrémités B est un renfle-

ment rempli d'eau et communiquant avec la vapeur ;
à l'autre extrémité C est un tube en cristal d'un diamètre égal à trois ou quatre fois celui du tube en
fer. Il résulte de là que si la section du tube en cristal
est égale à dix fois celle du tube en fer, le mercure
monte de 76 millimètres dans un tube en cristal quand
il descend de $0^m.76$ dans la branche A B, et qu'alors
il suffit d'une très-petite longueur de cristal pour indiquer plusieurs atmosphères, au lieu du long tube
de verre qu'exige le manomètre ordinaire.

Cet appareil, ingénieux du reste, était un peu cher,
et la petitesse de la course avait des inconvénients
pour l'indication.

2° *Manomètre de* DECOUDUN.

Ce manomètre (pl. 14, fig. 14, 15) est l'inverse de
celui de Desbordes, et en même temps du manomètre
ordinaire.

Il se compose, comme le manomètre ordinaire,
d'une cuvette et d'un tube ; mais au lieu d'une cuvette en fer ou en fonte et d'un tube en verre, il a
une cuvette en verre et un tube en fer. Alors c'est
dans la cuvette que se mesure la pression d'après
l'abaissement du mercure et le rapport qui existe
entre les sections de la cuvette et du tube.

Ce manomètre n'avait pas, comme le précédent,
l'inconvénient d'être cher.

3° *Manomètre de* GALY-CAZALAT.

Ce manomètre (pl. 14, fig. 17) est basé sur le principe de la presse hydraulique.

Un piston à deux diamètres A se meut dans un cylindre B, à deux diamètres aussi. La vapeur agit sur la surface du petit diamètre et exerce sa pression sur une colonne de mercure ayant pour base la grande surface du piston. Si les surfaces sont entre elles comme 1 est à 10, une colonne de mercure de 76 millimètres sur le grand piston effectue une pression égale à celle de 76 centimètres de mercure, c'est-à-dire de une atmosphère sur le petit piston, car on a, en appelant δ la densité du mercure, s la surface du petit piston et S celle du grand :

1° Pression sur le grand piston par la colonne de mercure de 76 millimètres.

$$S \times 7^{cm}.6 \times \delta$$

2° Pression sur le petit piston par la colonne de mercure de 76 centimètres.

$$S \times 76^{cm}. \times \delta.$$

Remplaçant dans la seconde expression s par $\dfrac{S}{10}$, il vient :

$$\frac{S}{10} \times 76 \times \delta, \text{ c'est-à-dire } S \times 7.6 \times \delta.$$

Cette disposition est ingénieuse, mais elle présente bien des difficultés en pratique.

Nous extrayons du Bulletin de la Société des anciens élèves des Ecoles d'Arts-et-Métiers, la description d'un manomètre qui a une très-grande analogie de principes avec le précédent.

La figure 9, pl. 20, montre la vue extérieure de face d'un manomètre métallique à air libre, tout monté, qui servira à bien démontrer le principe sur lequel il est basé.

La figure 8 est une section verticale correspondante.

Le manomètre se compose d'une boîte en fonte B, qui porte la tubulure *b*, qui doit se relier au tube qui amène la pression; cette boîte est fermée en dessous par un couvercle *c'* percé de trous, et en haut par un couvercle *c*, fondu avec un tube vertical dans lequel se loge un tube en verre *e*, qui sert aux indications.

Les deux couvercles qui sont vissés, fixent fortement deux disques flexibles en acier ondulé *x* et *y* reliés ensemble au moyen d'une entretoise *z*.

Le tube en fonte est évidé de manière à laisser voir le tube en verre *e* et sur les deux faces ou biseaux de l'évidement sont marquées des indications qui correspondent aux atmosphères; le mercure qui doit donner les indications repose sur le disque *x*, et s'élève dans le tube en verre, suivant la tension à mesurer.

La partie centrale entre les disques ondulés forme le corps du manomètre. Appelant *x*, le diamètre du disque supérieur $= 0^m.060$, *y* le diamètre du disque inférieur, et *z* le diamètre de la tige centrale $= 0^m.010$; faisant, comme dans le cas du dessin, que les deux surfaces effectives des disques *x* et *y* soient entre elles comme $50 : 49$, le diamètre du disque inférieur *y* sera de $0^m.0594$.

Une pression introduite dans le corps du manomètre, c'est-à-dire entre les deux disques ondulés *x* et *y* rendus solidaires dans leurs mouvements, par la tige centrale *z*, agit sur ceux-ci, dans le rapport de $50 : 49$, c'est-à-dire que le disque supérieur *x* est poussé de bas en haut par 50, tandis que le disque inférieur est, au contraire, sollicité de haut en bas par 49.

Le mouvement de déplacement de ces deux disques réunis se fera donc de bas en haut avec une énergie qui est le 1/50 de la pression totale à laquelle l'intérieur du manomètre est soumis.

Pour équilibrer cet excès de pression, il faudra une colonne de mercure agissant sur le disque supérieur qui soit le 1/50 de celle qui soit nécessaire, si 49 parties de la pression qu'il reçoit n'étaient pas annulées ou équilibrées par le disque inférieur auquel il est solidaire ; donc dans le tube indicateur, chaque atmosphère sera représentée alors par une colonne

de mercure $\dfrac{0^m.76}{50} = 0^m.0152.$

Il va sans dire que les atmosphères peuvent être représentées par des colonnes de mercure plus ou moins grandes, en modifiant, selon le besoin, le rapport des surfaces des disques ondulés avec la section du tube indicateur.

Je suppose que les deux disques ondulés en acier ont leurs faces correspondantes au corps du manomètre, étamées pour éviter les effets de l'oxydation, et que les autres parties du manomètre qui sont en contact avec le mercure sont en fonte ou autre métal, qui ne soit pas susceptible de faire un amalgame avec le mercure.

La flexion des deux disques, pour être suffisante, n'a besoin que de déplacer la quantité de mercure nécessaire pour former dans le tube indicateur une colonne de la hauteur correspondante à l'excès de pression que reçoit le disque supérieur. Dans le cas du dessin, le diamètre du disque supérieur est de

$0^m.060$ et celui du tube indicateur de $0^m.005$. Supposant que ce disque se déplace parallèlement à son axe, il faut pour indiquer une atmosphère, une colonne de mercure de $0^m.0152$; la quantité de mercure nécessaire pour la former dans le tube indicateur exigera que le disque supérieur se déplace de $0^m.060^2 \times x = 0^m.005^2 \times 0,0152$; d'où $x = 0^m.000109$ par atmosphère; mais comme les disques sont fixés à leurs circonférences, le déplacement permis par leur forme ondulée ne peut avoir lieu que du centre à la circonférence, où le mouvement de déplacement devient nul, je suppose donc, approximativement, que le mouvement des disques sera le double au centre de celui qu'ils auraient dans le cas où ils se déplaceraient parallèlement à leur axe, soit $0,000218$, de mouvement ou déplacement par atmosphère.

Ce déplacement, ou travail du métal, qui forme les disques, est insignifiant, il est incapable de détériorer ces derniers ni d'en détruire l'élasticité.

4° *Manomètre* Richard.

Le principe de ce manomètre n'est pas nouveau; la figure 16, pl. 14, qui existe dans tous les traités de physique en est la preuve. Mais M. Richard est le premier qui l'ait construit assez bien pour que la commission des machines à vapeur l'ait jugé digne d'être expérimenté.

Un tube en fer recourbé suffisamment de fois pour former de 10 à 12 branches, communique d'une part avec la chaudière à vapeur, de l'autre avec un tube en cristal ouvert formant sa dernière branche.

On verse du mercure dans toutes les branches de

manière que son niveau atteigne le milieu MN de leur hauteur : cela fait, on verse de l'eau jusqu'en haut, et on bouche les orifices d'introduction.

Admettant, pour un moment, que l'eau ne pèse rien, on voit que quand la vapeur presse sur le mercure de la branche AB, cette pression se communique de proche en proche à toutes les branches, et il s'établit, entre chacune de celles qui communiquent inférieurement, une différence de niveau du mercure qui est la même partout. Autant de couples de branches, autant de différences de niveau du mercure. La somme des petites colonnes de mercure ainsi formées est égale exactement à la pression de la vapeur. S'il y a 10 branches, c'est 5 colonnes, et alors la pression d'une atmosphère est marquée sur la branche en cristal par une montée du mercure égale à un dixième de $0^m.76$ au-dessus de MN, par la raison que la différence de niveau se compose d'une montée au-dessus et d'une descente au-dessous de MN, égales entre elles.

Nous avons admis que l'eau ne pesait rien ; en admettant son poids, la différence de pression qu'elle opère dans le sens de l'indication du mercure est si faible que, pratiquement, il n'y a pas lieu d'en tenir compte.

Les figures 18, 19, pl. 14, représentent le manomètre tel que l'a construit M. Richard. C'est un tube en fer roulé en serpentin très-régulier et percé, à chaque branche, de deux trous taraudés, l'un au milieu de la hauteur, l'autre en haut. Celui du milieu sert à régler le niveau du mercure, et celui du haut à remplir. Il était question de le prescrire pour les locomotives lorsque survint le manomètre Bourdon.

Les figures 1, 2, 3, pl. 15, représentent les divers systèmes de manomètres dits à flotteur, que l'on employait tantôt pour basse, tantôt pour haute pression. Ils n'avaient d'autre inconvénient que celui des baromètres à cadran, à savoir d'exiger qu'on le frappe pour obtenir l'indication précise de la pression.

La série de manomètres, indiquée jusqu'ici, est à peu près complétement tombée en désuétude depuis l'apparition du manomètre Bourdon, fig. 5, 6, pl. 20.

Tout le monde connaît ce manomètre qui a eu une aussi grande fortune. Ses précieuses qualités n'ont pas empêché la création d'autres manomètres, celui de Bourdon étant d'un prix élevé à cause de la fabrication du tube qui demande un outillage et des soins précieux.

Nous donnons, pl. 20, fig. 7, le manomètre Ducomet dont le dessin seul suffit à donner une idée du mécanisme; ce manomètre a une grande tendance à se vulgariser dans l'industrie. Il est d'une grande simplicité, d'un faible volume, d'une longue durée et d'une indication exacte. Le principal organe de transmission directe est une capsule en cuivre vierge doublée d'argent, emboutie, agissant sur un ressort en acier se mouvant sans frottement.

Le mode de transmission de la vapeur aux divers organes d'indication est la partie la plus importante du manomètre, et elle est presque la principale cause des erreurs qui peuvent se manifester par suite du peu d'amplitude que peut prendre la membrane, sans altérer la limite d'élasticité. Nous donnons, pl. 20, fig. 10, un mode de transmission par un tube plissé sans soudure, dû à MM. Dubois et Casse, qui est d'une grande efficacité.

§ 3. INDICATEURS DU NIVEAU DE L'EAU.

Nous ne décrirons pas en détail tous les appareils employés pour indiquer le niveau de l'eau dans les chaudières; nous nous contenterons de les indiquer, la vue de leur dessin suffisant pour le faire comprendre.

Les indicateurs du niveau de l'eau dans les chaudières sont de trois espèces.

Les tubes en verre.
Les flotteurs.
Les robinets vérificateurs.

1° *Tubes en verre.*

Ils consistent, pl. 15, fig. 4, 5, 6, 7, en un tube de verre dont les extrémités communiquent avec deux points de la chaudière situés l'un bien au-dessus, l'autre bien au-dessous du niveau voulu de l'eau.

Les coudes de communication, en cuivre, doivent satisfaire à plusieurs conditions, savoir :

1° Permettre d'interrompre promptement la communication entre la chaudière et le tube, soit pour nettoyer, soit pour changer le tube.

2° Permettre d'enlever facilement le tube de verre et de le remplacer.

La figure satisfait assez bien à ces deux conditions.

Deux robinets A A' placés aux deux coudes sont disposés de manière à pouvoir se fermer en même temps au moyen d'une tringle et de deux leviers non figurés. Ils sont même à trois eaux pour permettre le nettoyage, sans ôter le tube.

La sphère B, placée au-dessus du coude inférieur, a pour but de boucher le trou au-dessus et empêcher l'eau de s'échapper quand par hasard le tube se casse. Le verre est maintenu entre eux, par stuffing-box, dont l'un, le supérieur, est entièrement mobile avec lui.

Les deux brides *C C'* sont reliées entre elles par une plaque de cuivre qui empêche l'écartement par pression de la vapeur.

Les tubes en verre sont susceptibles de se casser par suite d'un choc, d'un refroidissement brusque ou toute autre cause. En outre, ils s'encrassent pendant le service et il est difficile au chauffeur de distinguer alors quand le tube est complétement plein ou complétement vide.

Nous indiquons, pl. 20, fig. 4, un indicateur de niveau d'eau dû à M. Carré, l'inventeur des appareils réfrigérants, et appelé indicateur *dioptique*. Il est fondé sur les propriétés optiques du verre et de l'eau et utilisées pour rendre plus perceptible la présence ou l'absence de l'eau.

Un tube en cristal, à parois épaisses, est introduit, avec un jeu de 1 millimètre, dans une gaîne en cuivre perforée de trous comme l'indique la figure 3, pl. 20. Entre le tube et la gaîne, on coule du mastic au minium et on laisse durcir à une température de 80° environ. Le tube est alors bien attaché à la gaîne, et le liquide, dans son intérieur, est très-visible. Les trous correspondants au plein se voient *ronds*. Ceux qui correspondent aux vides se voient allongés en ellipse. Ces tubes sont vendus par MM. Mignon et Rouart, constructeurs à Paris.

2° *Flotteurs.*

De tous les flotteurs, le plus généralement employé autrefois est celui représenté pl. 15, fig. 8, 9, 10, 11.

Il consiste en une pierre, plongeant en partie dans l'eau, et perdant en poids celui d'un égal volume du fluide déplacé. Cette pierre est suspendue par un fort fil de cuivre, passant dans un stuffing-box, à l'extrémité d'un levier en fonte ou en fer dont l'autre extrémité porte un contre-poids en fonte. Quand le niveau baisse, la pierre se trouvant hors de l'eau, regagne une partie du poids qu'elle a perdu, et l'emporte sur son contre-poids, jusqu'à ce qu'elle ait replongé de la quantité nécessaire pour que l'équilibre ait lieu. Le levier se trouve alors incliné et laisse voir que le niveau a baissé.

Il est important que la pierre ne plonge que de la moitié de sa hauteur environ dans l'eau, et on comprendra facilement pourquoi en remarquant que, si la pierre était équilibrée, quand elle plonge complétement, il n'y aurait pas plus de raison pour qu'elle reste dans une position plutôt que dans une autre, en tant qu'elle ne sort pas de l'eau; tandis que, si elle ne plonge qu'en partie, il n'existe pour elle qu'une position au-dessus et au-dessous de laquelle il y a plus de charge d'un côté que de l'autre.

Le seul reproche que l'on ait fait au flotteur c'est d'exiger un stuffing-box pour une tige qui se meut dans le sens de sa longueur. Ce reproche n'est pas sérieux quand la pierre est suffisamment pesante et bien placée.

Chaudronnier. **23**

Les figures 18, 12, 13, 14, pl. 15, représentent divers appareils flotteurs.

Fig. 18, flotteur à axe tournant au lieu de tige.

Fig. 12, 13, flotteur du même genre, sans contrepoids, pour bateaux.

Fig. 14, flotteur à cloche en cristal.

La plupart de ces flotteurs sont aujourd'hui abandonnés.

Nous donnons, pl. 20, fig. 15 et 17, deux dispositions récentes dues à M. Bourdon, et nous les compléterons par l'indication de l'appareil appelé communément *Lethuillier-Pinel,* du nom de son inventeur.

L'indicateur magnétique *Lethuillier-Pinel* est seul ou monté sur le socle de la soupape de sûreté, portant aussi le sifflet d'alarme, et quelquefois la prise de vapeur; cependant cet accessoire est généralement isolé (v. pl. 14, fig. 3, 4).

Nous donnons, pl. 20, fig. 18 et 19, une vue d'ensemble d'un appareil remplissant ces diverses fonctions.

Le trait caractéristique de cet indicateur est dans l'emploi d'un barreau d'aimant qui supprime l'usage du presse-étoupes, et qui conduit un rouleau extérieur à travers une plaque mince sur laquelle il appuie constamment.

Ces indicateurs sont fort répandus. Il faut pourtant veiller à la barre aimantée qui obéit quelquefois avec lenteur à l'aimant. Il faut frapper légèrement avec les doigts sur le verre et produire de légères secousses pour aider le curseur à se mettre à sa véritable position.

Pl. 14, fig. 1 et 2, nous donnons un indicateur à

flotteur et cadran. Il suffit d'en voir le dessin pour en comprendre le fonctionnement.

3° *Robinets vérificateurs.*

Ce sont des appareils spécialement employés dans les locomotives et les bateaux pour indiquer s'il y a ou s'il n'y a pas de l'eau à certaines hauteurs au-dessous ou au-dessus du niveau normal; ils s'adaptent généralement aux chaudières munies d'indicateur en verre, pour en tenir lieu dans le cas où ces derniers ne laisseraient pas voir le niveau.

En voici diverses espèces.

Fig. 17, pl. 15, deux robinets aux extrémités de deux petits tuyaux dont l'un débouche à la surface normale du liquide, l'autre à dix centimètres au-dessous.

Fig. 15, pl. 15, un robinet placé à l'extrémité d'un tuyau vertical mobile dans un stuffing-box et pouvant accuser à volonté de la vapeur ou de l'eau.

Fig. 19, pl. 15, le même à l'extrémité d'un tuyau horizontal coudé et tournant dans un stuffing-box.

Fig. 16, pl. 15, soupape importée d'Angleterre par feu M. Bourdon. On en met trois les unes au-dessus des autres. On frappe en A, et il sort par le trou B, soit de l'eau, soit de la vapeur.

§ 4. SIFFLETS D'ALARME.

On donne le nom de sifflets d'alarme à tout flotteur disposé de manière à prévenir, par un bruit aigu, quand le niveau baisse dans les chaudières.

Celui de M. *Bourdon*, de Paris, fig. 20, pl. 15, qui

n'exige qu'un seul trou dans la chaudière, est très-recommandé.

Toutefois, l'inconvénient qui résulte des dépôts qui se forment sur toutes les parties intérieures des chaudières a fait supposer qu'il y aurait peut-être avantage à mettre l'appareil du contre-poids du flotteur en dehors. A cet effet, M. Julien proposa la disposition de la figure 22, pl. 15, que depuis tous les chaudronniers, à peu près, ont adoptée.

La figure 21, pl. 15, représente la manière dont M. *Journeux* exécutait cette disposition pour qu'il n'y eût qu'un trou à percer sur la chaudière.

Les figures 23, 24, 25, pl. 15, et les figures 1, 3, 6, pl. 16, représentent divers autres flotteurs d'alarme, savoir :

Fig. 23, 24, 25, pl. 15, flotteur d'alarme, système *Chaussenot.*

Fig. 11, pl. 16, flotteur d'alarme, système *de Maupeou* qui possède une plaque de plomb mise à côté et devant remplacer la rondelle fusible.

Fig. 3, pl. 16, flotteur d'alarme à robinet; en A est un sifflet; ce flotteur est à deux fins, il indique le niveau et siffle, ce qui offre un certain inconvénient.

Fig. 6, pl. 16, flotteur d'alarme à deux fins de M. *Sorel.* Cet appareil est ingénieux, mais n'avance en rien celui qui l'emploie, parce qu'il lui faut un second flotteur ou tout autre appareil indicateur du niveau.

Dans l'appareil de M. Sorel, le sifflet est sur la soupape, d'où résulte que la vapeur siffle tout aussi bien pour un abaissement du niveau de l'eau que pour une augmentation de pression, ce qui fait que, dans le premier moment, le chauffeur ne sait guère à quoi il doit porter remède.

Parmi les flotteurs il en est de pleins et de creux. Les pleins doivent être en fonte, ou en pierre dure entourée d'un cercle en cuivre. Les creux doivent être imperméables à la vapeur d'eau, et c'est là le difficile. Aussi un mécanicien de Paris, M. *Richard*, de Paris, a-t-il eu l'idée de les construire de telle sorte qu'il puisse y avoir communication entre leur intérieur et la chaudière. Pour cela il y met de l'eau et y adapte un tube plongeant jusqu'au fond. Quand l'eau, qui est dedans, s'échauffe par le contact de celle de la chaudière, elle entre en vapeur et chasse l'excès d'eau par le tube dans la chaudière.

Nous donnons, pl. 20, fig. 16, la disposition adoptée par l'une de nos meilleures maisons de construction, la Cie de Fives-Lille. Le flotteur est en fonte et creux avec un large bouchon pour le sable. Ce bouchon est fortement vissé et fait une fermeture étanche. La tige du flotteur est parfaitement guidée, et il n'y a pas de presse-étoupes.

ARTICLE 5. — Appareils d'alimentation.

Les appareils d'alimentation des chaudières se divisent en deux catégories distinctes :

1° Appareils d'alimentation continue ;
2° Appareils d'alimentation intermittente.

Les premiers sont ceux qui envoient de l'eau à la chaudière au fur et à mesure qu'elle en sort à l'état de vapeur.

Les seconds sont ceux qui n'en envoient que quand le niveau a baissé d'une certaine quantité.

Les premiers, qui sont sans contredit les meilleurs, se divisent en deux espèces, savoir :

Les pompes.
Les appareils à flotteurs.

Les pompes sont employées toutes les fois que l'on a un moteur pour les mouvoir ; dans tous les autres cas ce sont des appareils à flotteurs ou intermittents que l'on emploie.

Les pompes alimentaires se construisent de diverses manières. Généralement elles sont à piston plein : ce qu'il faut rechercher avant tout, pour ces appareils, c'est que les soupapes ou clapets puissent être facilement visités. Pour cela il faut les munir de *regards* au-dessus ou à côté de ces pièces mobiles, et de robinets permettant d'intercepter la communication entre la chaudière et les chambres où elles se meuvent.

Les figures 10, 11, pl. 16, représentent la meilleure disposition de pompe alimentaire pour machines au-dessous de 12 chevaux; le tout est en cuivre ; il y a robinet avant et robinet après, le premier pour régler l'aspiration, le second pour fermer la communication avec la chaudière et permettre de visiter les soupapes. Dans certains cas, comme la figure l'indique, on ne met qu'un seul robinet du côté de la chaudière ; mais alors il faut avoir soin de placer à côté une soupape de décharge soit surmontée d'un tuyau montant très-haut, soit chargée d'un poids suffisant, afin que, quand le robinet est fermé ou à peu près fermé, la pompe marchant toujours, l'eau puisse s'échapper par cette soupape.

La figure 14, pl. 16, représente une pompe alimentaire dont le corps peut être en fonte. Elle s'emploie pour toute espèce de force. La soupape de sûreté ne sert que quand, par maladresse, le chauffeur a fermé les deux robinets à la fois.

Les figures 15, 16, pl. 16, représentent une pompe due à M. Séguier, et que le mécanicien *Tamizier* adaptait à toutes ses machines; elle est fort simple et très-facile à nettoyer.

Les appareils d'alimentation continue à flotteurs et les appareils d'alimentation intermittente sont tous basés sur le même principe, il n'est donc pas possible de les examiner séparément; on peut même dire que les premiers sont des intermédiaires entre l'alimentation continue et l'alimentation intermittente.

La disposition générale des appareils varie suivant que les chaudières sont à basse ou à haute pression.

En effet, à basse pression, il suffit d'avoir un réservoir ouvert à quelques mètres au-dessus de la chaudière pour l'alimenter au moyen d'un robinet ou d'une soupape mus, soit par un flotteur, soit à la main.

Pour haute pression, il faudrait un réservoir situé à une hauteur égale à autant de fois $10^m.32$ qu'il y a d'atmosphères de pression dans la chaudière en sus de la pression atmosphérique. Aussi, dans ce cas, les appareils sont-ils fermés.

L'appareil le plus employé autrefois, quand on n'avait pas de pompe, est celui représenté dans la figure 17, pl. 16.

A est un réservoir placé sur la chaudière;

B est un tuyau de prise de vapeur;

C, le tuyau d'alimentation plongeant jusqu'au fond de la chaudière;

D, le tuyau d'aspiration ;

E, un tuyau d'évacuation de l'air.

Pour se servir de cet appareil, on ferme les robinets C' et D' (ici D' est remplacé par une soupape qui se ferme d'elle-même); on ouvre B' et E'; la vapeur de la chaudière se précipite dans le réservoir A et en chasse l'air par le tuyau E. Cela fait, on ferme B' et E, puis on ouvre ou on laisse ouvrir D' suivant que c'est un robinet ou une soupape. La vapeur contenue dans le réservoir A se refroidit par le contact des parois, et se condense; il se forme un vide qui produit une aspiration dans le tuyau D, et si la hauteur de ce tuyau n'est pas de plus de 5 à 6 mètres, l'eau froide vient se précipiter dans le réservoir A. Quand ce réservoir est plein, ce qu'indique le niveau indicateur, on ferme ou on laisse se fermer D', puis on ouvre B' et C'. L'équilibre de pression s'établissant entre le dessus ou le dessous de l'eau du réservoir, cette dernière s'écoule dans la chaudière en vertu de son propre poids, et elle est remplacée dans le réservoir par de la vapeur qui sert à opérer de nouveau le vide pour le remplir.

On peut remplacer le robinet C' par une soupape, pl. 16, fig. 20, il ne reste plus alors que le robinet B' à manœuvrer, une fois, que l'appareil est dégagé d'air.

L'appareil décrit ci-dessus est ce que l'on appelle dans l'industrie une *bouteille alimentaire.*

Nous en avons remarqué une fort bien établie à l'Exposition de 1867, et due à M. Egrot, un de nos plus habiles distillateurs.

La description qui a été faite de ce mode d'alimentation, nous dispense d'en reparler. Nous nous bornons à en donner le dessin, pl. 20, fig. 22, qui offre, en outre, un type de plus de chaudière verticale.

On voit qu'à l'aide d'une seule manœuvre, on accomplit toutes les opérations indiquées précédemment.

La *bouteille alimentaire* est un appareil, comme on le sait, intermittent, puisqu'il faut le secours de la main pour le faire fonctionner. Que l'on trouve un moyen de faire mouvoir le robinet B' par un flotteur, et l'appareil devient quasi continu et automoteur.

C'est ce qu'a fait M. Macabies dont l'alimentateur a été publié en 1870, dans un grand nombre de revues, et notamment dans le *Technologiste* de M. Roret, année 1868.

Cet ingénieur a depuis perfectionné son œuvre en imaginant un appareil à simple effet dont il s'occupe beaucoup en ce moment, et sur lequel il fonde les meilleures espérances. Cet appareil a figuré à l'Exposition de 1872, à Lyon.

L'appareil de la figure 2, pl. 16, pourrait être employé pour remplacer le robinet B'. Il pourrait l'être aussi pour permettre l'introduction de l'eau, le remplissage du réservoir se faisant alors comme précédemment.

SECTION II. — CONDUITS DE VAPEUR.

Nous avons défini les conduits de vapeur des appareils dans lesquels circule de la vapeur toute formée, soit pour agir comme moteur, soit pour chauffer les corps *solides*, *liquides* ou *gazeux*.

Quel que soit le mode d'action de la vapeur dans ces appareils, ils sont toujours de deux espèces :

Les tuyaux conducteurs.
Les appareils spéciaux.

ARTICLE PREMIER. — *Tuyaux.*

Les tuyaux à vapeur sont en plomb, en fonte, en fer, et le plus souvent en cuivre.

Les tuyaux en cuivre sont du domaine de la chaudronnerie de cuivre; ceux en plomb, fonte et fer appartiennent à d'autres industries.

Les tuyaux en cuivre sont, comme tout le monde sait, ronds, formés de plaques de cuivre rendues cylindriques et soudées bout à bout ou rivées l'une sur l'autre. Les assemblages des tuyaux en cuivre se font au moyen de brides en fer à boulons; rien de plus simple que ces appareils dont il a été suffisamment parlé dans la chaudronnerie du cuivre.

Ce qu'il nous importe de traiter ici, en ce qui concerne les tuyaux en général, c'est la détermination de leurs diamètres suivant leurs longueurs, le nombre de leurs coudes et la quantité de vapeur à y faire circuler dans un temps donné.

Diamètres des tuyaux à vapeur.

Il a été fait beaucoup d'expériences pour déterminer les diamètres à donner aux tuyaux de conduite des eaux et des gaz; l'excellent ouvrage de M. d'Aubuisson sur cette matière en est la preuve, et peut servir encore bien longtemps aux ingénieurs; mais, pour la vapeur, il n'y a que fort peu d'expériences, et il faut se laisser guider par la pratique.

Avant de faire connaître ces données, nous allons indiquer la formule donnée par Péclet, dans son traité de la chaleur, pour déterminer les diamètres à donner aux tuyaux.

Cette formule est la suivante :

$$r^5 = \frac{V^2 (r + g k L)}{193 P}$$

on a :

r, rayon intérieur du tuyau ;

V, volume de la vapeur qui doit s'écouler par seconde ;

g, intensité de la vapeur $9^m.81$;

K, coefficient indéterminé ;

L, longueur du tuyau d'écoulement ;

P, hauteur d'une colonne de vapeur faisant équilibre à la pression dans la chaudière, et ayant la même densité que la vapeur qui y est renfermée.

Pour déterminer K, Péclet a eu recours à l'expérience suivante qui a été faite à la manufacture des tabacs :

Un tube de 4 mètres de long et $0^m.081$ de diamètre, adapté à une chaudière à vapeur, a laissé écouler dans l'air 4,800 kilog. de vapeur en trois heures, la pression moyenne de la vapeur qui a produit l'écoulement étant de 20 centimètres de mercure.

Appliquant ces résultats à la formule ci-dessus, Péclet a obtenu les deux valeurs ci-dessous, savoir :

1° En supposant la détente complète,

$$K = 0\ 0032.$$

2° En ne supposant pas de détente.

$$K = 0.0040.$$

d'où, pour le premier cas :

$$r^5 = \frac{V^2 (r + 0.031 \text{ L})}{193 \text{ P}}$$

et pour le second cas :

$$r^5 = \frac{V^2 (r + 0.039 \text{ L})}{193 \text{ P}}$$

A la suite de ces formules, est un exemple pour chaudière à vapeur de trente chevaux, c'est-à-dire pour un écoulement de 750 kilog. par heure dans une longueur de tuyau de 20 mètres.

Les formules donnent pour r :

$$1° \ r = 0.0213$$
$$2° \ r = 0.0220$$

Ce qui signifie que le diamètre du tuyau de vapeur d'une machine de 30 chevaux ne devrait pas dépasser 5 centimètres, chose inadmissible.

Ces formules sont trop éloignées de la bonne pratique pour que l'on en conseille l'usage. Elles ne tiennent pas suffisamment compte des étranglements et du refroidissement de la vapeur, du refroidissement surtout qui est la principale cause de la différence de pression qui existe toujours entre le cylindre et la chaudière.

Le tableau suivant donne les diamètres pratiques des tuyaux des chaudières pour diverses forces moyennes en chevaux :

TABLEAU des Diamètres des Tuyaux de conduite de la vapeur d'eau.

FORCES EN CHEVAUX.	DIAMÈTRES EN MÈTRES DES TUYAUX DE CONDUITE		
	A DÉTENTE.	SANS DÉTENTE.	
		à condensation.	sans condensation.
0.25	0.010	0.01	0.010
0.50	0.015	0.02	0.010
0.75	0.025	0.03	0.015
1	0.030	0.04	0.020
2	0.040	0.05	0.025
3	0.045	0.06	0.030
4	0.055	0.07	0.035
6	0.060	0.08	0.040
9	0.070	0.09	0.045
12	0.080	0.10	0.050
16	0.085	0.11	0.055
20	0.090	0.12	0.060
25	0.095	0.13	0.065
30	0.100	0.14	0.070
35	0.110	0.15	0.075
40	0.120	0.16	0.080
50	0.130	0.17	0.085
60	0.140	0.18	0.090
75	0.150	0.19	0.095
100	0.160	0.20	0.100
125	0.170	0.22	0.110
150	0.180	0.24	0.120
175	0.200	0.26	0.130
200	0.210	0.28	0.140
250	0.230	0.30	0.150
300	0.240	0.32	0.160
350	0.260	0.34	0.170
400	0.270	0.36	0.180
450	0.290	0.38	0.190
500	0.300	0.40	0.200

M. le général Morin, dans ses leçons de mécanique, conseille de donner aux tuyaux qui admettent la vapeur dans le cylindre, 1/25 et mieux 1/20 de la section du piston, et de porter cette section au 1/15 et même au 1/4 de celle du piston pour l'émission à l'air, ou pour l'émission au condenseur.

ARTICLE 2. — *Appareils de chauffage à vapeur.*

Ces appareils dont le nombre augmente tous les jours, tant par suite des bons résultats qu'ils ont donnés là où ils sont éprouvés depuis longtemps, que par suite des applications nouvelles que l'on en fait, affectent des formes tellement variées, malgré les fortes pressions sous lesquelles on les fait fonctionner, qu'il est devenu indispensable de les soumettre, comme les générateurs, aux épreuves de la presse hydraulique.

Ils se divisent en deux catégories distinctes, savoir :

Appareils pour chauffage et vaporisation des liquides.

Appareils pour chauffage des gaz.

Comme type des premiers, nous citerons :

Les cuves à double fond pour teinturiers, confiseurs, raffineurs de sucre, etc., servant chez les uns à chauffer l'eau, chez les autres à l'évaporer.

Les cylindres évaporateurs des papeteries.

Les serpentins.

Comme type des seconds, nous citerons seulement :

Les calorifères à vapeur.

Les cuves à double fond (fig. 4, 5, 7, 8, pl. 16) doivent être construites de telle manière que le fond intérieur A ne puisse se soulever par suite de la pression de la vapeur. Pour cela, il faut avoir soin de faire arriver les deux fonds tangentiellement l'un à l'autre en *a* et *a'*, de manière à donner au fond intérieur la résistance d'une voûte sphérique dont la poussée s'opère sur la circonférence de sa base. Une chaudière de ce genre, ayant la forme de la figure 18, pl. 16, éprouvée à la presse hydraulique, a pris, en moins de deux coups de piston, la forme de la figure 13, pl. 16, et le fond intérieur serait sorti entièrement si l'on avait continué à presser.

Les cylindres de papeteries (fig. 23, pl. 16) sont généralement construits par les mécaniciens, nous n'en dirons rien ici.

Les serpentins (fig. 24, pl. 16) sont de formes et dimensions qui varient suivant les appareils dans lesquels on les emploie : nous avons vu, dans la chaudronnerie du cuivre, comme s'exécutent ces pièces.

LIVRE IV

CHAUFFAGE DES GAZ.

—————

Le chauffage des gaz s'effectue de trois manières différentes, savoir :

A feu nu.
A l'eau chaude.
A la vapeur.

Le chauffage des gaz à feu nu s'effectue dans des appareils dont la construction appartient à une industrie spéciale, la *fumisterie*; nous ne pouvons, par conséquent, parler ici de ce mode de chauffage qui est traité tout au long dans le *Manuel du Poêlier-Fumiste*; ce serait d'ailleurs sortir de notre sujet, car les chaudronniers n'ont jamais d'appareils de ce genre à construire.

Les chauffages à eau chaude et à vapeur, au contraire, sont essentiellement du domaine de la chaudronnerie; mais nous avons déjà traité si longuement la construction des appareils pour obtenir l'une et l'autre de ces deux substances, que nous n'aurons pas beaucoup à dire sur leur application au chauffage du gaz, c'est-à-dire de l'air, car ce n'est guère que ce gaz mélangé que l'on chauffe; d'ailleurs, les appareils pour d'autres gaz ne varieraient probablement que par la nature du métal employé.

—————

CHAPITRE PREMIER.
Chauffage à l'eau chaude.

Ce mode de chauffage qui date de notre siècle et n'a pris d'extension que dans ces derniers temps, s'effectue de la manière suivante :

Une chaudière fermée (pl. 16, fig. 25) est établie dans une cave et est munie de deux tuyaux A et B, dont l'un A a son orifice à la partie inférieure de la chaudière, et l'autre B à la partie supérieure.

Ces deux tuyaux communiquent à une série d'autres disposés de manière à ce qu'il y ait communication entre eux par l'intermédiaire de ces autres tuyaux. Dans la figure, c'est un serpentin qui remplit ce but. Le tuyau B est vertical et monte jusqu'au point le plus élevé où l'eau doit porter la chaleur qu'elle contient; à ce point le tuyau est ouvert, de manière qu'il ne peut se former de vapeur, et que la pression dans la chaudière est exactement égale à celle de la colonne d'eau renfermée dans le tuyau B.

Lorsqu'on fait du feu sous la chaudière, l'eau chauffée monte par le tuyau B et est remplacée par de l'eau froide arrivant par le tuyau A. Quand l'eau qui a été chauffée est arrivée à la partie supérieure de la colonne B, elle entre dans le serpentin où, rencontrant un courant d'air froid, elle se refroidit petit à petit en réchauffant ce dernier, et arrive plus ou moins froide à la partie inférieure du serpentin, pour rentrer dans la chaudière et se chauffer de nouveau.

Ce genre de calorifère, qui est fort simple, porte le nom de *calorifère à eau chaude à basse pression*, parce que la colonne d'eau qui pèse sur la chaudière est toujours très-petite quand il ne s'agit que de chauffer l'air avant son introduction dans les appartements.

Par opposition on nomme *calorifères à haute pression*, les calorifères à eau chaude, dont la colonne B s'élève jusqu'à la partie supérieure des édifices à chauffer. En effet, pour peu que cette hauteur soit de trente mètres, la pression dans la chaudière est de quatre atmosphères au total, c'est-à-dire trois atmosphères effectives.

Dans les appareils de ce genre le chauffage de l'air ne s'exécute plus comme précédemment; ce ne sont plus des tuyaux disposés de manière à offrir une grande surface de chauffe à de l'air circulant dans un conduit, pour de là aller se répandre dans des appartements. Le chauffage a lieu directement dans les appartements mêmes au moyen d'espèces de poêles à eau chaude communiquant d'une part avec le tuyau ascendant B, et d'autre part avec le tuyau descendant A.

Ce qui fait préférer, par quelques personnes, le chauffage de l'air par l'eau chaude, plutôt que directement, c'est que la température de l'appareil chauffant ne dépassant jamais 140°, les poussières répandues dans l'air ne se brûlent pas, et ne produisent pas cette odeur connue des poêles ordinaires, qui fait si mal à la tête. On a reconnu en outre que les poêles en fonte peuvent, en rougissant, donner un air nuisible à la santé.

Le premier système de chauffage à l'eau chaude présente à la fois un avantage et un inconvénient.

Son avantage, c'est de ne pas opérer une forte pression sur les parois de la chaudière.

Son inconvénient, c'est de chauffer légèrement des gaz qui, dans la circulation depuis le calorifère jusqu'aux appartements, se refroidissent un peu trop vite. Ce mode de chauffage est certainement plus coûteux que le chauffage direct.

Le second système présente aussi à la fois un avantage et un inconvénient.

Son avantage c'est d'entretenir dans toutes les pièces à chauffer des poêles à une température agréable qui non-seulement chauffent l'air de la pièce, mais encore permettent le chauffage direct des pieds et des mains pour les personnes qui viennent du dehors.

L'inconvénient, c'est de placer des réservoirs d'eau chaude dans toutes les parties d'un édifice. Non seulement ces réservoirs peuvent fuir et détériorer les planchers, mais encore ils peuvent, dans des cas exceptionnels, se déchirer par suite de la pression et lancer, sur les personnes qui en sont près, des masses d'eau bouillante bien autrement plus dangereuses que de la vapeur. Il est vrai que l'on n'emploie jamais ces appareils sans les avoir éprouvés à la presse hydraulique.

Quant à la détermination des surfaces de chauffe correspondantes à une quantité donnée d'air à chauffer par heure, elle peut avoir lieu d'après les calculs et résultats suivants.

Un kilogramme d'eau à 100° contient cent unités de chaleur; en admettant qu'il se refroidit à 20°, dans sa circulation dans l'air, il perd quatre-vingts unités de chaleur. Or la capacité calorifique de l'air est égale au quart de celle de l'eau; il en résulte que un kilogramme d'eau peut élever 4 kilogrammes d'air de 80°, ou 20 kilogrammes d'air de 16°, et ainsi de suite.

Soit 20 le nombre de degrés dont on veut élever la température de l'air, on a :

$$80 \times 4 = 20 \times x$$
et $$x = 16 \text{ kilog.}$$

le mètre cube d'air pèse 1 kil.300, donc 1 kilogramme d'eau peut élever $\dfrac{16}{1.3} = 12.30$ mètres cubes d'air do 10 degrés, théoriquement.

On en conclut que pour chauffer un mètre cube d'air il faut élever théoriquement par heure à 100° une quantité d'eau représentée par :

$$\frac{12.30}{1} = 0\text{k}.0812$$

ce qu'on peut représenter pratiquement par 0k.100.

Autant de mètres cubes d'air à chauffer par heure, autant de 0k.100 d'eau à chauffer à 100°. Comme il faut 8 mètres cubes d'air neuf par heure et par individu, pour une bonne ventilation, c'est 0k.800 d'eau qu'il faut chauffer à 100° par heure et par individu.

Nous avons vu, lors du chauffage des liquides, quelle était la surface de chauffe nécessaire pour un kilogramme d'eau à chauffer par heure; il resterait à déterminer la surface des serpentins ou des surfaces chauffantes.

Si on s'en rapporte aux données pratiques des calorifères anglais, un mètre carré de surface de serpentin ou de poêle suffit pour chauffer par heure 80 mètres cubes.

En résumé il faut par individu :

1° 800 grammes d'eau élevée de 20° à 100° par heure.

2° 10 décimètres carrés de surface de chauffe pour l'air.

CHAPITRE II.

Chauffage à la vapeur.

Le chauffage à la vapeur est un des meilleurs modes pour chauffer l'air des appartements. Il n'a pas les inconvénients du chauffage à l'eau chaude et il présente des avantages supérieurs à ceux de ce dernier. Le chauffage à vapeur s'effectue d'une manière entièrement analogue à celui par l'eau chaude ; au lieu d'eau qui s'élève dans la colonne B, pl. 16, fig. 25, c'est de la vapeur d'eau qui, quelle que soit la hauteur de la colonne, n'entraîne pas avec elle une augmentation de pression dans la chaudière. Cette vapeur se condensant dans les appareils de circulation dans les appartements, vient redescendre à l'état d'eau dans la chaudière par le tuyau A.

Ce qui fait le mérite des calorifères à vapeur c'est qu'avec des tuyaux imperceptibles on produit autant de chaleur qu'avec de grands tuyaux à eau. Les tuyaux de vapeur, par ce motif, au lieu de se placer en bas, se placent en haut des pièces, au dessous des corniches ; ils n'ont pas la moindre fuite qu'on ne s'en aperçoive immédiatement, et si, par hasard, un tuyau crève, ce n'est qu'un jet de vapeur peu dangereux qui en sort.

Ce chauffage, qui est à la fois économique et si avantageux, se propage de plus en plus en France.

Il est surtout employé chez les industriels qui ont des machines à vapeur, parce que là c'est la vapeur perdue qui circule dans les tuyaux de chauffage. Le temps n'est peut-être pas éloigné où on l'emploiera, à Paris, dans les maisons à plusieurs locataires; et certes ce ne serait pas une mauvaise application, et chacun y trouverait une grande économie. Il n'y aurait pas, comme pour les chauffages à l'air chaud, de discussions pour les ouvertures de prises de chaleur, parce qu'elle se répandrait également.

Un kilogramme de vapeur renferme 650 unités de chaleur; on voit donc, d'après ce que nous avons dit plus haut, que s'il faut élever l'air de 20°, on a :

$$4 \times 650 = 20 \times x$$
$$\text{et} \qquad x = 130 \text{ kil.}$$

Ainsi un kilogramme de vapeur peut chauffer théoriquement 130 kilogrammes d'air; soit pratiquement 100 kilogrammes.

$\dfrac{100}{1.3} = 77$ mètres cubes d'air, c'est-à-dire de quoi

alimenter $\dfrac{77}{8} = 9$ individus pendant une heure ou

un individu pendant 9 heures 1/2.

C'est donc, par individu, $\dfrac{8}{77} = 0\text{k}.104$ de vapeur

qu'il faut produire par heure.

Pour la surface de chauffe des tuyaux circulant dans l'air, on compte que un mètre carré de fonte condense par heure 1 k.80 de vapeur, et un mètre carré de cuivre 1 k.75 seulement.

C'est donc pour un individu $\dfrac{0.104}{1.75} = 6$ décimètres carrés de surface de tuyaux circulant dans l'air,

Les tuyaux de chauffage de l'air par la vapeur se font en fonte, fer ou cuivre.

Le cuivre présente sur la fonte l'avantage d'occuper moins de place et d'être, par cela même, moins visible : sur le fer, il a l'avantage de ne pas se rouiller ; quant à la faculté conductrice elle est à peu près la même pour tous.

On a observé que la fonte recouverte d'un enduit terne laisse passer moins de chaleur que la fonte dans son état naturel. Le contraire a lieu pour le fer et pour le cuivre ; moins ils sont brillants plus ils émettent de la chaleur dans un temps donné. Il est bon d'avoir égard à ces considérations.

Ce qu'il importe avant tout, dans la disposition des tuyaux de chauffage par circulation de la vapeur, c'est qu'il ne puisse se former nulle part de dépôts d'eau, et que la vapeur condensée se rende facilement à la chaudière ; quand cette condition n'est pas parfaitement remplie, la circulation se fait mal et on ne chauffe pas.

Nous mentionnerons, après ces deux systèmes de chauffage, celui de M. Grouvelle, qui a établi de nombreux appareils de chauffage et de ventilation.

Le procédé spécial de M. Grouvelle est mixte ; il comporte l'emploi combiné de l'eau et de la vapeur.

La vapeur, en effet, malgré les avantages énumérés, a le défaut de chauffer trop les tubes et de les laisser trop brusquement refroidir. L'eau, au contraire, régularise et maintient mieux la température.

M. Grouvelle utilise, dans la plupart des cas, la vapeur perdue des machines qu'il fait circuler dans un long tube en cuivre d'environ 0,10 de diamètre placé au centre d'un tube en fonte de 0,19 et rempli d'eau. La vapeur chauffe cette eau qui, rendue ainsi plus légère, s'élève aux parties supérieures, d'où elle redescend par un autre conduit en se refroidissant, et ainsi de suite.

FIN.

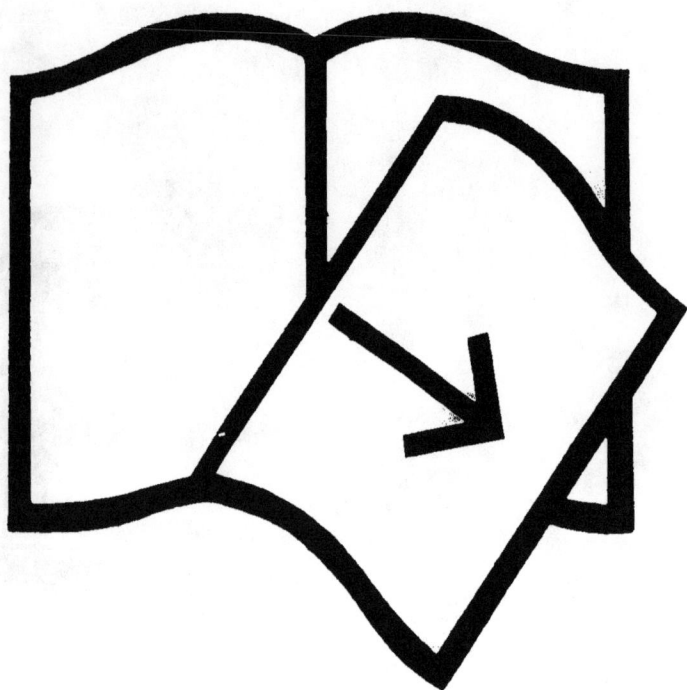

Documents manquants (pages, cahiers...)

NF Z 43-120-13

EXPLICATION RAISONNÉE

FIGURES DE L'ATLAS.

———

Planche I.

Planche II.

PLANCHE III.

4. Cuvette à pied, emboutie, émaillée blanc, de 1 litre de capacité, coûtant 2 fr. 20 c.

5. Bouillotte, anse en osier, contenant six tasses, du prix de 1 fr. 50. Avec une anse noire, il y a une plus-value de 0 fr. 10.

6. Bouillotte à huile, étamée, ordinaire, de 1 litre de capacité, coûtant 1 fr. 50.

7. Bol à punch poli, étamé, de 1 litre de capacité, coûtant 1 fr. 10. Le même, émaillé blanc, est du prix de 2 fr. 20.

8. Bouilloire ordinaire, étamé poli, d'une contenance de 4 litres, et du prix de 4 fr. La même, émaillée blanc et brun, 4 fr. 50.

9. Bouillotte sans pieds, à bec de bouilloire, d'une capacité de 10 tasses, coûtant 2 fr. 70. (La tasse équivaut à deux décilitres.)

10. Casserole d'Allemagne à faitout belge, avec couvercle, étamée. Pour 0,20 de diamètre, le prix est de 1 fr. 50. La même, émaillée blanc et brun, est du prix de 2 fr.

11. Casse d'Alsace, polie avec queue. La série de ces casses s'étend de $0^m.10$ de diamètre à $0^m.48$. Elles sont généralement vendues à raison de 1 fr. 80 le kilogramme, et à 2 fr. 20 quand elles sont étamées.

12. Entonnoir conique ordinaire de $0^m.10$ de diamètre, à 0 fr. 30. Le même, à filtre, 0 fr. 40. Quand il est émaillé blanc à l'intérieur et brun à l'extérieur, le prix en est de 0 fr. 60.

13. Eteignoir étamé ou verni à bouton, 0 fr. 90 la douzaine. Avec une anse il y a une plus-value de 0,10.

14. Chocolatière sans pieds, polie, étamée, d'une contenance de 52 tasses, coûtant 1,95.

15. Casse d'Alsace demi creuse, sans rebords et polie. Série s'étendant de $0^m.16$ de diamètre et $0^m.06$ de profondeur à $0^m.32$ et $0^m.12$. Prix de vente 1 fr. 80 le kilogramme.

16. Casserole à bec étamée, de 0m.20 de diamètre; prix 2 fr. La même, émaillée blanc et brun, 2 fr. 30.

17. Brûloir à café à volant et à couvercle mobile, étamé. Prix, pour un diamètre de 0m.20, 4 fr.

18. Cruche à eau, bec de bouilloire, étamée. Pour une contenance de 4 litres, le prix est de 4 fr. 80. La même, vernie, est du prix de 5 fr. 30. Décorée, elle coûte 5 fr. 80.

19. Broc bombé, étamé, d'une contenance de 4 litres. Son prix est de 3 fr. 85, et de 4 fr. 45 s'il est verni. Le couvercle coûte 0 fr. 50.

20 à 22. Casses d'Alsace, polies ordinaires sans queue, à 1 fr. 80 le kilogramme. Les dimensions varient depuis 0m.10 jusqu'à 0m.48 de diamètre.

23 et 24. Bassines à fond rond ou plat, étamées. Le prix, pour un diamètre de 0m.20, est de 1 fr. 20. Avec émaillage blanc et brun, le prix, pour le même diamètre, est de 2 fr. 20.

25. Lèchefritte demi-cylindrique, étamée, à 1 fr. 80 le kilogramme.

26. Plat à jus, à maillons.

27. Casserole ovale, bordée, étamée, de 0m.22 de diam., au prix de 1 fr. 45.

28. Daubière bordée, étamée, avec couvercle, ordinaire, 0m.28 de diamètre, 2 fr. 40.

29. Bassin évasé, poli, étamé, de 0m.15 de diamètre, coûtant 0 fr. 90.

30. Bassine bord droit dite *Lyonnaise*, étamée, de 0m.20 de diamètre, coûtant 1 fr.

31. Lèchefritte carrée à anse, étamée, 0m.30 de diamètre. Prix : 1 fr. 45. La série s'étend de 0m.26 à 0m.60 de longueur.

32. Rôtissoire ordinaire étamée, d'une longueur de 0m.35, coûtant 6 fr. Celle à bouts sphériques coûte 7 fr.50.

33. Marmite droite, emboutie, de 0m.15 de diamètre. Prix : 2 fr. 05. La série s'étend de 0m.08 jusqu'à 0m.50.

34. Pied de pot à colle ou bain-marie, étamé.
35. Chaudron droit dit d'*Afrique*.
36. Plat à sauce ou à crème, étamé.
37. Turbotière à anse.
38. Bain-marie embouti, étamé ou émaillé blanc à l'intérieur et brun à l'extérieur.
39 et 40. Assiettes Coqueret plate et creuse, étamées ou émaillées blanc. 0 fr. 30 la pièce pour un diamètre de 0m.15.
41. Couvercle ordinaire de casserole, étamé, à queue ou à anse.
42. Casserole à sauter étamée, de 0m.16 de diamètre, 0 fr.90.
43. Plat à rebords.
44. Bassine à anses relevées.
45. Casserole à bec étamée, de 0m.10 de diamètre. Prix : 0 fr. 55.
46. Pelle à main.
47. Pot à friture à 2 fr. 40, ayant 0m.16 de diamètre.
48. Seau droit, fond laiton, étamé, à 3 fr.; son diamètre étant de 0m.22.
49.
50. Ecuelle à anses ou oreilles, polie.
51. Bain-marie à trois pieds.
52.
53. Poêlon à queue.
54. Pelle à main à manche en bois.
55. Soupière sur plat Coqueret étamée.
56. Poêlon à queue avec support.
57. Bassin ordinaire, poli, étamé.
58. Bassin ordinaire évasé.
59. Assiette creuse à soupe.
60. Saucière à anse, étamée.

PLANCHE VI.

1. Cuillère à punch, manche à crochet.
2. Bain-marie.

3. Cuillère à pot à manche creux ou plat.
4. Cafetière à trois pieds.
5. Cafetière sans pieds, à anse noire.
6. Boule à eau.
7. Cuillère à arroser droite.
8. Plat à anses relevées.
9. Cuillère à arroser à manche creux.
10. Bougeoir sans coulisse.
11. Cuillère à punch à manche rond.
12. Cafetière à servir, sans pieds, à manche.
13. Soupière sans pieds à anses relevées.
14. Soupière avec couvercle surbaissé.
15. Bougeoir, cuvette évasée.
16. Bain-marie à manche plat.
17. Soupière, grand modèle, sans pieds.
18. Cuvette lave-mains.
19. Cuillère à punch à côtes.
20. Ecumoire demi-creuse à crochet.
21. Passoire à fond plat.
22. Spatule unie.
23. Soupière à pieds, soignée.
24. Daubière bordée avec couvercle.
25. Chocolatière sans pieds, polie, étamée.
26. Grappin étamé à deux dents.
27. Passoire à fond sphérique.
28. Tasse à anse, évasée.
29. Timbale.
30. Louche, manche creux.
31. Passoire à pieds.
32. Boule de riz étamée.
33. Réchaud à eau chaude ordinaire.
34. Réchaud à eau chaude, soigné.
35. Marmite bombée, fond large, étamée.
36. Marmite bombée, fond étroit.
37. Cruche à lait à anse, et bouilloire ordinaire.
38. Bassinoire à eau chaude, étamée.
39. Sucrier.

40. Plat à barbe ovale.
41. Marmite.
42. Lampe de tisserand.
43. Râpe demi-ronde.
44. Plat à barbe rond.
45. Lèchefritte carrée à queue, étamée.
46. Moules à beignets, étoile, cœur, rose.
47. Tasse.
48. Pelle à farine.
49. Seau à charbon.
50. Gril-côtelettes à barres creuses, étamé.
51. Plat à œufs.
52. Passoire.
53 et 54. Pot à colle obtenu au tour en repoussé, p. 102.
55 et 56. Fontaine à laver les mains, avec cuvette ovale, vernie.
57. Support à trois pieds du pot à colle.

PLANCHE VII.

1. Installation comportant des chaudières de distillation. Dans ce cas les récipients n'ont qu'une très-faible pression à supporter, et les tôles à employer sont d'une très-faible épaisseur. Il importe de bien soigner les rivures qui donnent lieu à des fuites si les rivets ne sont pas suffisamment rapprochés. On interpose quelquefois entre les pinces, et avant la clouure, une feuille de papier. Dans ces sortes d'appareils, la tôle qui doit subir l'action du foyer est plus épaisse, d'une qualité supérieure et quelquefois en cuivre.

2. Installation de cornues à gaz. — Cette installation n'a qu'un faible intérêt pour le chaudronnier, attendu que les cornues se font actuellement toutes en fonte ou en terre réfractaire.

3. Cuve de gazomètre. — Par contre la cuve d'un gazomètre où s'accumule la réserve de gaz pendant le

jour pour le service de la nuit suivante, est une des applications de la chaudronnerie qui exige le plus d'habileté, surtout pour la calotte ou dôme de la cuve où les feuilles varient de dimensions sur chaque zône annulaire.

Il est important, avant de faire la commande des feuilles de tôle pour une cuve de gazomètre, d'en faire une épure exacte à une grande échelle, et de faire, en grandeur, le patron des feuilles de chaque zône circulaire.

4. Coupe verticale longitudinale d'une chaudière pour bains, à chauffage intérieur. Les gaz chauds, au sortir du foyer A, traversent les conduits D,D (fig. 5) après avoir passé par le carneau B. Ils entrent dans les conduits E, E', et de là dans les conduits verticaux F,F'. Ces conduits verticaux sont en communication avec l'air libre par une cheminée d'appel centrale, ou bien les gaz y sont aspirés par un ventilateur que l'on voit en coupe à droite de la figure 5.

Le ventilateur est surtout indispensable lorsque, pour arriver à un chauffage économique, on épuise la chaleur des gaz à l'aide d'un bac à réchauffer I traversé par les tubes H où passe l'air chaud, p. 185.

5. Vue de face de la chaudière pour bains dont il est parlé ci-dessus. On y voit la manière dont se fait la manœuvre des registres quand les conduits verticaux F,F' doivent déboucher à l'air libre.

6. Vue en plan de la disposition du ventilateur qui est, ici, mis en mouvement à l'aide d'une poulie à gorge montée sur une manivelle.

7. Coupe verticale d'une chaudière pour bains à circulation intérieure à l'aide d'un seul conduit central débouchant dans un bac réchauffeur, p. 185.

8. Vue en coupe horizontale de la chaudière ci-dessus.

9 et 10. Vues en coupes horizontale et verticale d'une

chaudière de bains à circulation intérieure et à enveloppe en bois.

11. Coupe verticale d'une chaudière de chauffage pour bains, avec bac alimentateur, p. 185.
12. Coupe transversale du faisceau tubulaire.
13. Vue de profil de la même chaudière.
14. Appareil à circulation de la lessive dans le linge (p. 187). Le fond est en métal pour recevoir l'action du foyer. Les parois sont en bois.

PLANCHE VIII.

1. Disposition pour rendre le cuvier indépendant de l'appareil à lessiver, p. 188.
2. Appareil pour régler à la main la durée des opérations de lessivage, p. 188.
3. Appareil à lessiver continu, p. 189.
4 et 5. Disposition de lessiveuses, p. 190.

Ces appareils, dont quelques-uns sont en bois ou en fonte, n'offrent au chaudronnier qu'un intérêt indirect.

6. Appareils pour blanchisseurs, de M. Duvois, p. 188.
7. Chaudières de savonneries, en tôle, p. 191.

Cette chaudière, par suite de sa forme conique, exige de la part du chaudronnier une étude attentive pour la coupe des patrons.

8. Appareil culinaire au bain-marie, p. 192.

Le petit chariot que l'on voit disposé au-dessus est destiné à recevoir un petit palan pour l'enlèvement des baquets.

9. Chaudière de savonnerie, en maçonnerie, p. 191.
10 et 11. Appareils au bain-marie, p. 192.

Détails du joint pour empêcher les fuites de vapeur et du système d'accrochage.

12. Cornue à distiller, p. 194.
13. Cucurbite en métal, p. 194.

Par suite de ses formes arrondies, la cucurbite

Planche IX.

travail, à cause du bord qu'il faut rabattre, doit être d'une bonne qualité, p. 218.

10 et 11. Trou d'homme ou bouchon autoclave de bouilleur. — C'est généralement une pièce de fonderie, p. 218.

12. Vue par bout d'une chaudière cylindrique à deux bouilleurs, avec indication de la rivure, p. 216, 218.

13. Vue longitudinale de la chaudière cylindrique à deux bouilleurs pour usine, p. 216 et 218. — La calotte sphérique de cette chaudière exige de l'attention pour la coupe des patrons ou fuseaux.

14 à 21. Pièces détachées pour complément d'appareils de chaudronnerie. — Ces pièces sont généralement du ressort de la fonderie, mais comme elles sont reproduites à un grand nombre de fois et qu'elles constituent des accessoires indispensables, le chaudronnier doit, autant que possible, en posséder les modèles.

PLANCHE X.

1. Chaudière en tombeau, de Watt, vue en coupe verticale. — Ces chaudières utilisent convenablement la chaleur du foyer, mais sa forme, malgré les étrésillons que l'on voit figurés au dessin, ne se prête pas à de hautes pressions et on y a à peu près renoncé, p. 217.

2. Coupe longitudinale verticale de la même chaudière de Watt, montrant la disposition générale de ce générateur et les divers accessoires qui le complètent. Les tôles situées au-dessus du foyer doivent être d'une qualité supérieure aux autres et d'une plus forte épaisseur. Le chaudronnier, dans cette chaudière comme dans toute autre, doit veiller à ce que la flamme ne rencontre pas les rivures *à rebrousse poil*, surtout près du foyer; sans cela les rivures seraient promptement corrodées.

3. Flotteur à cadran vu en élévation et en coupe verticale.

4 et 4 *bis*. Disposition générale des pinces dans le cas de jonction de plusieurs feuilles.

5. Soupape de sûreté à poids agissant directement.

6. Elévation vue en plan et coupe verticale (trois figures) d'un thermomanomètre destiné à indiquer la pression par la température.

7. Plaque gueulard de foyer.

8. Sommiers et traverses de foyer.

9. Barreaux de grille.

10. Plaque d'appui du gueulard.

11. Coupe transversale d'une chaudière de Watt, à conduit d'air chaud à l'intérieur (v. fig. 17), p. 217.

12. Portes du gueulard.

13. Ventelles du cendrier.

14. Détail de la manœuvre aux ventelles du cendrier, pour donner plus ou moins d'air à la grille.

15. Plaque à regards.

16. Châssis pour portes de foyer ou de cendrier.

17. Coupe longitudinale d'une chaudière de Watt, dite *en tombeau*, avec tube à fumée à l'intérieur.

PLANCHE XI.

1. Système de chauffage avec tubes à l'intérieur et carneaux collecteurs.

2. Système de cuissard réunissant un bouilleur à la chaudière, p. 219.

3. Coupe en plan d'un cuissard de jonction d'une chaudière avec son bouilleur, p. 218.

4. Type de chaudière à fonds en fonte, vue extérieure par bout, p. 220.

5. Dispositions de cuissards en tôle et en fonte, p. 219.

6. Type de chaudière à fonds en fonte, vue longitudinale extérieure, en coupe, p. 220.

7 et 8. Armatures en fer reliant les cuissards, p. 219.

PLANCHE XII.

PLANCHE XVII.

Planche XVIII.

PLANCHE XIX.

Planche XX.

étaient construits par MM. Mignon et Rouart, ingénieurs-mécaniciens à Paris.

5 et 6. Manomètre Bourdon, p. 262. C'est encore un des manomètres les plus usités aujourd'hui. M. Richard, dont nous avons fait connaître le manomètre atmosphérique, en a perfectionné la fabrication.

7. Manomètre de M. Ducomet. Ce manomètre est actuellement appliqué dans presque tous les centres industriels de la France et de l'étranger. Basé sur un excellent principe, construit à l'aide d'une méthode rigoureuse, il rend à l'industrie les plus grands services. M. Ducomet, constructeur à Paris, fabrique lui-même ses manomètres.

8 et 9. Manomètre de M. Maubert, p. 257. — Ce manomètre n'a pas, que nous sachions, reçu une application ou une sanction pratique. Le principe sur lequel il est basé est le même que celui indiqué par Galy-Cazalat. MM. Mignon et Rouart en ont construit un à peu près semblable.

10. Modes de transmission pour manomètre, à tube plissé, par MM. Dubois et Casse. — Cette disposition a pour but de donner au manomètre une grande course, ce qui est une excellente chose, sans fatiguer le métal. — Nous ignorons si ce but a été réalisé et sanctionné pratiquement.

11 et 12. Soupape de sûreté à ailettes, p. 250. Les ailettes, destinées à guider la soupape sur son siége, doivent être aussi minces que possible, afin de ne pas réduire la section de passage de la vapeur.

13 et 14. Disposition de Wood pour soupapes de sûreté, p. 246. Cette disposition a pour but d'empêcher les chauffeurs de charger les leviers des soupapes, ce qui a conduit plus d'une fois à de très-graves accidents.

15. Disposition de flotteur due à M. Bourdon, p. 266. Cette disposition, la première qui ait été bien entendue, est une des plus connues.

16. Flotteur de la Cie de Fives-Lille, p. 269. Ce flotteur, comme on le voit sur la figure, est en fonte évidée. Le trou qui sert à soutenir le noyau et à curer le sable après la coulée, est hermétiquement fermé à l'aide d'un bouché, taraudé et matté.

17. Autre disposition de flotteur, due à M. Bourdon, p. 266.

18 et 19. Indicateur magnétique de Lethuilier-Pinel, p. 266. Ces indicateurs ont eu, à une certaine époque, une très-grande vogue dans l'industrie. Ils sont encore très-employés, bien que l'on soit un peu revenu de l'engouement qu'ils avaient produit. Le seul inconvénient de ces flotteurs consiste en ce que la barre manœuvrée par l'aimant est quelquefois rendue indifférente, et ne se meut pas avec la mobilité qu'il conviendrait.

20 et 21. Chaudières verticales, pour très-petites forces, d'une construction facile au point de vue de la chaudronnerie.

23. Bouteille alimentaire de M. Egrot, p. 272. — Il n'y a, dans cet appareil, aucune innovation, sauf la manœuvre aux robinets, reliés entre eux et qui se fait d'un seul mouvement. La bouteille alimentaire est aujourd'hui de moins en moins employée, par suite du grand nombre d'alimentateurs divers, la plupart automatiques, que possède l'industrie.

FIN.

TABLE DES MATIÈRES.

DEUXIÈME PARTIE.

APPAREILS DE CHAUFFAGE.

*9 7 8 2 0 1 2 7 5 4 5 1 5 *